中公新書 2709

坂野　徹著

縄文人と弥生人

「日本人の起源」論争

中央公論新社刊

まえがき

本書を手にとる読者の多くは、博物館に展示されている縄文土器や弥生土器、さらに縄文人や弥生人の骨格標本をご覧になったことがあるだろう。

そうした方はお気づきかもしれないが、二一世紀に入って以降、日本では縄文文化に関する一種のブームが起こっている。全国各地の博物館では頻繁に縄文遺跡の特別展が開催され、縄文の名を冠した出版物も次々と刊行されている。

しかも、これは日本国内にとどまる現象ではない。近年、海外の博物館でも縄文土器や土偶の展覧会が開催されており、二〇二一年七月には「北海道・北東北の縄文遺跡群」のユネスコ世界文化遺産への登録も決定した。もちろん、縄文ブームの今後は不透明だが、これほど多くの人びとが縄文文化（時代）に関心をもつのは空前絶後のことであり、こうした事態を縄文ルネサンスと呼ぶ研究者もいる（古谷嘉章『縄文ルネサンス』）。

一方、縄文人や弥生人をめぐる自然人類学的研究への一般市民の関心も高い。ニュースでは日本人の起源に関する最新の研究成果がしばしば報道され、自然人類学者（以下、人類学者）による概説書も刊行され続けている。最近は人骨（歯）から採取されたDNAの塩基配列にもとづく研究が盛んなので、「縄文人のゲノム」などと銘打った記事を目にしたことのある方も多いだろう。

いうまでもなく、縄文土器は縄文時代、弥生土器は弥生時代に作られた土器であり、縄文人は縄文時代の日本列島住民、弥生人は弥生時代の住民を意味する。ただここで、縄文と弥生について少し視点を変えて考えてみよう。縄文時代、弥生時代という時代区分はヨーロッパやアメリカ、中国あるいは韓国などにあるのだろうか。

これは一見馬鹿げた問いのようにも思えるが、中学・高校時代の歴史（世界史）の教科書に旧石器時代、新石器時代、金属器時代といった時代区分が書かれていたことを思い出したい。ここでまず確認しておきたいのは、縄文時代、弥生時代という、土器の型式にもとづく時代区分は日本固有のものだということである。しかも、この時代区分が成立する範囲は本州、四国、九州までであり、北海道や沖縄については別の区分が用いられている。

さらに、縄文人と弥生人の区別はどうだろう。博物館に展示されている骨格標本の違いはどのように説明されるのだろうか。現在の自然人類学では、縄文人と弥生人の骨の形態は明らかな違いをもっており、現代日本人は、大陸から渡ってきた人びと（いわゆる弥生人）と、それ以前より日本列島に暮らしていた人びと（縄文人）の混血の結果、誕生したというのが定説となっている。したがって、弥生時代にも従来の縄文人の形質を残す人びとは存在しており、弥生人とひとくくりにせず、渡来系弥生人、縄文系弥生人と呼ぶべきだと強調されることもある。

では、縄文時代と弥生時代という土器の型式にもとづく時代区分はどのような経緯を経て確立したのだろうか。また現在、多くの人が何となく縄文人を日本人の遠い祖先とみなし、縄文文化を日本文化の基礎となった文化――基層（深層）文化といった「アカデミック」な表現を使うかどうかは別にして――だと考えているだろうが、こうした認識が成立したのは、いつ頃のことなのか。

これらの問題は本書のなかでくわしく論じることになるが、少しだけ例を挙げれば、明治期には、土器や石器を残したのは日本列島の先住民族であるアイヌ民族、もしくはアイヌの伝承中に登場するコロボックルと呼ばれる人びとだと一般に考えられており、当初は縄文土器と弥生土器の先後関係もさだかではなかった。

そもそも縄文と弥生という時代区分が中学・高校の教科書に掲載されるようになるのは一九五〇年代以降のことであり、縄文人と（渡来系）弥生人の混血によって日本人が形成されたという学説が人類学者、考古学者の共通了解になったのは一九八〇年代以降のことにすぎない。時代をさかのぼれば、現在のわれわれが当たり前のように受け入れているのとはまったく異なる縄文（人）と弥生（人）の了解が社会には広がっていたのである。

そこで本書では、近代日本の人類学・考古学における縄文（人）や弥生（人）をめぐる研究を科学思想史の観点から検討してみたい。より具体的には、日本で近代的な人類学・考古学研究が始まった明治期から、縄文人と（渡来系）弥生人の混血によって日本人が形成されたとする学説が定説化した一九九〇年代までの日本人起源論の研究史である。この時期の人類学者、考古学者は、日本列島各地の遺跡から発掘された人骨の計測や土器の型式に関する研究に重点を置いており、そうした骨や土器を残した人びとの正体に関する議論が本書のおもな対象となる。

遅ればせながらここで断っておくが、私自身は人類学者や考古学者ではなく、人類学や考古学をはじめとするフィールド系の学問の歴史研究を進めてきた、ひとりの科学史家にすぎない。日本各地の遺跡や博物館にもできる限り足を運ぶようにしてきたが、これまでに自分自身で発掘調査をおこなった経験はない。では、日本の人類学・考古学を科学思想史の観点から検討するとはどういうことなのか。

実のところ、人類学はさておき、日本の考古学は学史研究が非常に盛んな学問分野である。

著名研究者の全集や過去の発掘報告書の復刻版などが数多く刊行されており、考古学者によって書かれた学史に関する書物も多い。そうしたなか、斎藤忠氏の学史研究は古典の位置を占め（斎藤『日本考古学史』など）、春成秀爾（はるなりひでじ）氏をはじめ、考古学をめぐる社会・政治状況に目を向けた学史研究も数多くおこなわれている（春成『考古学者はどう生きたか』、泉拓良・下垣仁志「縄文文化と日本文化」など）。また、日本人起源論の研究史に関しても、工藤雅樹氏による労作が存在し（工藤『研究史　日本人種論』など）、近年では、縄文土器の研究史を原典にもとづいて跡づける研究（大村裕『日本先史考古学史講義』など）や、これまでの研究史をふまえつつ縄文という枠組みをとらえ返そうとする著作も刊行されている（山田康弘『つくられた縄文時代』など）。実際、本書の記述も、主として考古学者によってこれまでに書かれた学史研究の蓄積に大きく依拠している。

だが、科学史家の端くれとして、私は考古学者による学史研究に不満を感じることも多い。私のみるところでは、考古学の学史研究が抱える問題は、おおむね以下の三点にまとめられる。

（一）考古学者が描く学史は、基本的に考古学者や考古学ファンを念頭に書かれており、土器の型式などのテクニカルな問題についてはくわしい一方、人類学・考古学の思想の大きな流れがつかみにくい。

（二）現在の人類学・考古学の成果を前提に過去を振り返るという性格が強いため、どうしても現在の目からみて高い評価に値する過去の研究者に重点を置いた歴史叙述（勝利者史観などと呼ばれる）となりがちである。

（三）一般的に同時代の人類学の動向についての検討が不十分であり、とりわけ日本人起源論が人類学と考古学の合作という性格をもつことが見逃されている（このことは本論のなかで具体的に論じる）。

リンカン（リンカーン）大統領の有名な言葉のひそみにならえば、既存の考古学者による学史研究は「考古学者の考古学者による考古学（愛好）者のための学史」ではないのか。また、現在の学問的達成からみた過去の再構成になってはいないか。さらに、人類学と考古学の関係についての検討が不十分ではないかということである。

そこで本書では、日本人起源論の研究史を対象に、人類学・考古学の両方に目配りした、勝利者史観とは一線を画した歴史叙述を目指そうと思う。

現代の考古学者は、発掘調査をもとに土器などを分析する一方、それらの出土品を残した人びとの骨に関する分析は人類学者にゆだね、彼らの集団的（「人種」的）帰属の問題には踏み込まないというスタンスをとっている。本論でみるとおり、こうした役割分担はおおむね一九三〇年代に確立したものである。

しかしながら、この役割分担は必ずしも明確なものではない。一九三〇年代以降も考古学者は日本人の起源への関心を失ったわけではないし、先に述べたように、現在、人類学者が用いる縄文人と弥生人という呼称も、もともと土器の型式に由来するものである。

このように骨と土器に注目しながら、日本人起源論の研究史を振り返ることで、本書で考えてみたいのは人類学・考古学における「日本人」のイメージである。たとえば、日本人の祖先は海外から渡来し、先住民族との激しい闘争ののち、彼らに取って代わった征服者なのか。それとも日本人は太古から日本列島の住人であり、ゆるやかに異民族を受け入れてきた平和な人びとなのか。

むろん、人類学者、考古学者の研究は虚空のなかでおこなわれるわけではなく、同時代の政治・社会の状況に大きく規定されている。そのため本書では、個々の理論と同時代の政治・社会の関係についても、くわしい説明をくわえる。したがって本書は、人類学・考古学をめぐる政治思想史という性格ももつことになるだろう。

また、人類学者、考古学者の研究は基本的に遺跡やそこから発掘された骨や土器などの遺物にもとづくが、ときに思いもよらない資料の発見や新たなテクノロジーの登場がそれまでの常識を崩壊させ、さらなる思索の地平が切り開かれることもある。こうした点をふまえて本書では、必要に応じて個々の発掘調査の詳細にも言及することになる。

本書は、ただ縄文人や弥生人に関する人類学・考古学の学説史を説明しようとするものではない。本書の目的は、日本人起源論の思想的流れと政治・社会の関係について考えることにある。以上を確認したうえで、骨や土器、さらに日本人の起源という問題に取り憑かれた研究者たちのおよそ一〇〇年にわたる物語を始めることにしよう。

目次

まえがき　i

第1章　日本人類学・考古学の誕生と人種交替モデル……3

日本人類学・考古学の誕生　坪井正五郎――好古趣味と近代科学のあいだ　「お雇い外国人」の日本人種論　人種交替モデルと記紀神話　コロボックル論争　論争の資料と証拠　縄文土器と弥生土器　鳥居龍蔵の千島調査とアイヌ説の「勝利」

第2章　日本人とは誰か……33

日本人の起源というタブー　日本人種の起源　日本人種から日本民族へ　人類学者・鳥居龍蔵　固有日本人説と人種交替モデル

第3章　人種交替モデルを越えて……57
人類学・考古学の新潮流　濱田耕作と京大考古学教室の誕生　土器の違いは人種の違いか　濱田耕作の原日本人説　石器時代住民は先住民族か　土器編年と「第三人種」　アジア系とヨーロッパ系の「血液」　祖型としての「日本原人」　清野説の衝撃　記紀批判と人類学・考古学――津田左右吉　人種連続モデル・和辻哲郎・マルクス主義

第4章　土器編年と日本人起源論……101
文化史としての考古学と日本人種論　人類学・考古学の時代　山内清男あるいは「編年学派三羽烏」　縄文土器の編年　森本六爾と小林行雄　弥生土器の編年　水田稲作の起源をめぐって　弥生文化の起源――自生か伝播か　人種連続モデルと山内清男　縄文／弥生人モデルの登場

第5章　日本に旧石器時代は存在したか……143
化石人類の発見と人類起源論　黎明期の旧石器時代研究　北京原人の発見　北京原人の衝撃　直良信夫と「明石原人」　人類起源論と日本人起源論

第6章　アジア太平洋戦争と縄文・弥生研究……165
人類学・考古学と皇国史観・大東亜共栄圏　長谷部言人の混血否定論　清野謙次と『国史概説』　紀元二千六百年と考古学　聖蹟調査と考古学　日本古代文化学会の誕生　考古学者・後藤守一　建国神話と縄文・弥生　縄文/弥生人モデルと戦争

第7章　敗戦と考古学の時代……203
人類学者・考古学者の敗戦　再出発　登呂の熱狂　日本考古学協会の誕生と杉原荘介　旧石器文化の発見　「日本文化」の源流としての弥生　山内清男の復権と狩猟採集文化としての縄文

第8章　人種連続モデルと縄文/弥生人モデル……231
ニッポナントロプスと原人の時代　戦後の清野説　戦後の長谷部説　石器時代から旧石器・縄文・弥生時代へ　弥生文化の担い手は誰か　金関丈夫と渡来説の登場　変形説と渡来説

終　章　縄文／弥生人モデルと縄文の時代……259
縄文／弥生人モデルの「勝利」　埴原和郎の二重構造モデル　基層（深層）文化――われらが内なる縄文　日本人起源論のこれから
あとがき　277
図版出典　283
参考文献　286
縄文人と弥生人　関連年表　301

凡　例

・本書では読みやすさを考慮して、引用文中の漢字は原則として新字体を使用し、歴史的仮名遣いは現代のものに、また一部の漢字を平仮名に改めた。読点やルビ、送り仮名も追加した。
・新書という性格から、引用箇所の出典表記は最小限にとどめ、本文中で明らかな場合には省略した。
・［ ］は筆者による補足である。
・本書における「日本人」が指す範囲について

本書では、特に注釈をつけない限り、日本列島に居住するアイヌ民族などの少数民族を除く、歴史的・文化的共通性をもつと考えられる多数派集団を指す言葉として日本人という言葉を用いている。大和民族、日本民族という呼称も存在するが、最近では使用頻度が下がっており、しかも本論でみるように、日本語の「人種」と「民族」という言葉の使い分け自体も一九二〇年代以降に成立したものである。そこで、本書では、日本列島に居住する多数派集団を指す言葉として日本人という呼称を用いるが、当然のことながら、これは国籍とは無関係である。

また、人類学・考古学における日本列島住民の起源をめぐる研究は伝統的に日本人種論と呼ばれてきた。これは、主として明治期の人類学者、考古学者が、日本人の起源よりは、日本各地に遺物遺跡を残したと考えられた先住民族の正体をめぐる議論をおこなっていたこと、当時は日本人種という言葉が集団としての日本人を意味する言葉として広く用いられていたこと、さらに一般に人類学者は「人種」の問題を扱うと考えられてきたことなどに起因する。現在ではあまり適切な呼称とはいえないが、以上をふまえ、本書では、先住民族を含む日本列島住民の起源をめぐる研究を指す言葉として日本人種論という表現も用いる。
・本書に登場する時代区分について

戦前の日本には、縄文時代、弥生時代という時代区分は存在せず、ヨーロッパにならって、石器時代と一括して呼ばれていた。石器時代、青銅器時代、鉄器時代という区分は三時代法（三時代区分法）と呼ばれ、一九世紀初め、デンマークの考古学者トムセン（Christian Jürgensen Thomsen）によって確立された。その後、イギリスの人類学・考古学者ジョン・ラボック（John Lubbock）により、絶滅動物と共存し、打製石器が用いられた旧石器時代と、現生動物が存在し、磨製石器が用いられる新石器時代という区別もおこなわれるようになった。こうした時代区分法は明治初頭には日本でも知られるようになっていたが、当然、これはヨーロッパ中心主義的な時代区分である。

・引用箇所には今日の人権意識に照らして不当・不適切と思われる語句や表現があるが、時代背景に鑑み、当時のままの記述を使用している。

縄文人と弥生人

「日本人の起源」論争

第1章　日本人類学・考古学の誕生と人種交替モデル

私が貝墟など調べるようになったのはモールス［モース］という教師がありまして、この人が大森貝墟篇という物を著わしました、その中に日本人の祖先は太古は人を食ったというような証拠がある、貝塚を掘って見ると、人の骨が砕いてある、それはどうしても煮て食った証拠である、骨を砕いて髄を吸ったのであるというような事を書いてあったと思う、……それが日本の歴史にチョッと合わないようでありまして我々の歴史から見ると人を食ったという事は無い、実際そういう事が有ったか無いかという事を自分達で調べて見たいというような考から貝塚などという事に気が付きまして……。

（白井光太郎「故坪井会長を悼む」一九一三）

日本人類学・考古学の誕生

日本における近代的な人類学・考古学研究は、アメリカ出身の外国人教師エドワード・S・モース（Edward Sylvester Morse）の大森貝塚発掘に始まるといわれる。

もともと貝類の研究者であったモースは、一八七七年六月、シャミセンガイなどの腕足動物を採集する目的で日本を訪れた。だが、来日した彼は創設間もない東京大学（一八八六年より帝国大学、九七年より東京帝国大学）の動物学・生理学教授への就任を打診され、それを引き受けることになる。モースが東大で教鞭をとったのは七九年八月までのわずか二年にすぎないが、大森貝塚の発掘だけでなく、後進の教育や進化論の啓蒙活動など、明治期日本の科学界に大きな足跡を残した（磯野直秀『モースその日その日』）。

モースは初来日の際、横浜から新橋に向かう鉄道の路傍に貝塚があることに気がついていた。来日以前、動物学者ワイマン（Jeffries Wyman）によるフロリダでの貝塚発掘に参加した経験があったからである。モースは、さっそく九月から一〇月にかけて、教え子となった東大の学生らとともに大森で発掘調査を実施する。その成果は東大から *Shell Mounds of Omori*（一八七九年七月）とその日本語版『大森介墟古物編』（同一二月）として刊行された。

ただし、その後の日本で人類学・考古学をリードしたのはモースが直接指導した学生ではなかった。モース帰国後の一八八四年、当時、東大（理学部生物学科）の学生だった坪井正五郎が同好の友人である白井光太郎（のちの植物病理学者）、有坂鉊蔵（予備門生徒、のちの工学者・海軍中将）らと人類学会を結成し、以降、日本の人類学・考古学研究は坪井と彼が率いる人類学会を中心に進められることになる。

ここで注意したいのは、日本には江戸時代以来の好古趣味の伝統が存在し、その一環として土器や石器などの収集・研究が盛んにおこなわれていたことである。モースもそうした伝統を汲む日本人好古家から協力を得ており、日本ほど考古学に関心をもつ人の多い国はないと述べているが（モース『大森貝塚（付関連史料）』）、坪井たちもまた余暇に土器や石器の採集をおこなう好古少年であった。

細かい経緯は省くが、坪井たちは一八八四年一〇月一二日、当時神田錦町にあった東大理学部の植物学教場を借り、「じんるいがくのとも」と称する「よりあい」（研究会）を開催する。この会は第五回目以降、人類学会を名乗るようになり、二年後には東京人類学会と改名（以下、人類学会と表記）、学会機関誌（『人類学会報告』『東京人類学会報告』『東京人類学会雑誌』『人類学雑誌』と名称は変遷）も発行することになった。坪井に請われ、会長には著名な洋学者・政治家であり、好古家でもある神田孝平が就任した。

もちろん、冒頭に掲げた白井光太郎の回想にあるように、坪井たちがモースによる大森貝塚発掘から大きな刺激を受けていたことは間違いない。坪井は予備門時代にモースの講演会にも出かけており、八二年には民具や陶器蒐集の目的で再来日中のモースに土器の鑑定を頼んでいる（坪井・福家梅太郎「土器塚考」）。ここでくわしくは述べないが、東大で生物学を学んだ坪井の考える人類学はあくまでも西欧由来の近代的な学問であり、江戸的な好古趣味と一線を画するものだったことは確かである。

ただし、当時、西欧の人類学・考古学も、好古趣味の段階から近代的学問への移行期にあった。世界最古といわれるパリ人類学会の創設（一八五九年）後、欧米各国で人類学・考古学関係の学会結成が続くが、こうした組織の担い手も多くがアマチュアの好古家（antiquarian）であった（トリッガー『考古学的思考の歴史』）。したがって、日本における人類学会創設は、そうしたグローバルな流れのなかにあるとみることもできる。

坪井正五郎――好古趣味と近代科学のあいだ

では、学生でありながら人類学会を組織し、明治期の日本人類学・考古学をリードした坪井正五郎とは一体いかなる人物だったのだろうか（図1-1）。

一八六三年、江戸両国矢ノ倉（現・日本橋）に幕府の奥医師・坪井信良の子として生まれた正五郎は、東京英語学校、大学予備門を経て、八一年に東大理学部に入学した。生物学科在学中（卒業時には動物学科）に友人たちと人類学会を結成。さらに、指導する研究者がいないにもかかわらず、人類学専攻という名目で大学院に進学した。

これには、彼の祖父・信道が幕末の有名な蘭方医という名門家系出身であったことがかかわっている。坪井の大学院進学を許可した東大学長の渡辺洪基は父・信良の元教え子であり、のちに結婚する妻も蘭学者・箕作秋坪の娘（動物学教授・箕作佳吉の妹）である。

その後、坪井は、イギリス留学を経て一八九二年に帝国大学（東大）の人類学教授に就任し、翌年から人類学教室を主宰するようになった。九六年には人類学会会長を神田孝平から引き継いでいる。坪井が率いる明治期の人類学は、彼の関心を反映して、自然人類学よりも考古学に重点を置き、さらに現在の文化人類学（民族学）、民俗学などの領域もカバーする総合的な人類学を志向していた（坂野徹『帝国日本と人類学者』）。

図1-1　坪井正五郎

ここでまず注目されるのは、理学部（八六年より理科大学）に属しながら、坪井が、当時、西欧の人類学で盛んにおこなわれていた人骨や生体の計測に対してあまり関心をもたなかったことである。大学院生時代には数回計測調査も実施しているが、留学から帰国したのちはいっさい手をつけなかった。直弟子である鳥居龍蔵の回想によれば、「体質測定」の手ほどきを頼まれても、「トピナー［ポール・トピナール］氏の人類学」を示すだけで、「かく頭蓋いじりをして何の利益ありや」とまで述べたという（鳥居「日本人類学の発達」）。

しかも、坪井は、海外でのフィールドワークにもさほど熱心ではなかった。坪井の大学院進学を許した渡辺洪基は常に「将来日本学者の人類学上探査調査すべき場所は沖縄、台湾、朝鮮である」と述べていたというが、坪井に代わって日本の新たな版図でのフィールドワークを担ったのが鳥居龍蔵である。

そして、坪井は人類学の啓蒙活動に力を入れるとともに、専門的な研究よりも大学外での活動を好んだ。坪井の大学外での幅広いネットワークや活動――「集古会」という古物収集家の団体結成、三越「流行会」への協力、玩具のプロデュースなどなど（川村伸秀『坪井正五郎』）――にも江戸的な好古趣味の系譜をみてとれる。

鳥居によれば、坪井は「普通一般のプロフェッサー型の人」ではなく、「ユーモアに富んだすこぶる親しみのある宣教師、徳の高い説教上手な僧侶のような」人であり、大学内よりも大衆に友だちの多い「大衆的の学者」だったという（鳥居「江戸人としての恩師坪井正五郎先生」）。坪井は駄洒落好きでも知られ、彼が詠んだ「遺跡にてよき物獲んとあせるとき心は石器胸は土器土器」などの狂歌からもその人柄がうかがえる。

ただし、坪井のこうした多彩な活動が結果的にアカデミズム内での人類学の認知を妨げたことは否めない。鳥居によれば、坪井の一般人士との交流は「大学教授間には喜ばれないこともあり、これは教授会の時にしばしば見られる現象であった」という。また、やはり坪井の弟子であった山崎直方（なおまさ）（のちの地理学者）は、坪井の追悼演説のなかで、世間のイメージでは、人類学は「古物を集める学問」あるいは「ただただ古墳を探るとか横穴に這入って見る」とか「風俗習慣を調べて見る」とかいうようなものであり、これが「人類学と言うべき一つの科学」なのか、と疑う人も多かったと述べている（山崎「故坪井会長を悼む」）。

その影響からか、東大の人類学教室は長きにわたって正規の所属学生をもつ学科となることができず、東大で人類学・考古学を専門的に学ぶ場合は選科生となるしかなかった。のちにみるように、人類学選科からは山内清男（やまのうちすがお）をはじめ、多くの有力研究者も巣立つことになるが、正規の学科開設は一九三九年になってからである。

このように、坪井の影響下、明治期には人類学という名目のもとに考古学研究も進められていた。坪井自身にとって考古学はあくまでも人類学研究のためのもの、つまりは「人類学の目的に適（かな）いたる考古学」だったが（坪井「石器時代総論要領」）、やがて考古学独自の学会をつくろうとする機運も高まってくる。一八九五年、人類学教室員（助手）だった若林勝邦の発案のもと新たな学会が設立され、坪井によって考古学会と命名された（一九四一年より日本考古学会）。

考古学会の幹事には、高名な歴史学者である三宅米吉（高等師範学校教授）らが就任し、創設後、事務局はすぐに帝室博物館（現・東京国立博物館）に移った。こうして帝室博物館は東大の人類学教室と並ぶ考古学研究の拠点となったが、両者の取り決めにより、本書のテーマである石器時代（縄文・弥生）の遺物遺跡については人類学教室、古墳時代以降については帝室博物館という役割分担がとられることになった。

以上、日本人類学の父・坪井正五郎の足取りをみてきた。では、改めて明治期の人類学者、考古学者は、石器時代の住民や日本人の起源についてどのような考察をおこなっていたのか。まずは欧米出身の研究者からみていこう。

「お雇い外国人」の日本人種論

先述したモースをはじめ、幕末から明治期初頭にかけて、多くの欧米出身の研究者や外交官が日本を訪れたが、彼らの多くは各自の専門とは別に、日本各地に貝塚や石器、土器を残した人びとの正体をめぐって、さまざまな考察をおこなっていた（工藤『研究史　日本人種論』）。「お雇い外国人」と呼ばれる彼らについては膨大な研究が積み重ねられているので、ここでは、その後の日本人研究者にも大きな影響を与えたモース、シーボルト（ジーボルト）、ミルン、ベルツの四人にしぼって、彼らの日本人種論について概観しよう。

モースの日本人種論は一般にプレ・アイヌ説と呼ばれる。大森貝塚の発掘を続けていた一八七七年九月以降、彼は、発掘調査から得られた知見や記紀（『古事記』『日本書紀』）の記述を用いつつ、貝塚を残した人びとに関する見解を国内外で発表していく。それらをまとめたのが、先述した *Shell Mounds of Omori*（『大森介墟古物編』）である。

モースによれば、神武東征の物語に信憑（しんぴょう）性が認められるなら、日本人の祖先は、おそらく南方から日本列島に渡来し、かつて北方から南下して日本列島を占拠していたアイヌの祖先に取って代わったのだろう。それでは、貝塚を残したのはアイヌなのか、それとも日本人なのか。ところが、彼によると、貝塚はアイヌ以前の「人種」（race）、つまりはプレ・アイヌ（Pre-Aino）の生活の跡であり、このプレ・アイヌこそが日本最古の住民にほかならない。

モースは、貝塚を残した人びとがアイヌではない理由として、次のような根拠を挙げている。大森貝塚では、豊富な土器と食人風習の跡とみられる人骨の大きな破片が見出されたが、アイヌは基本的に土器製作の習慣をもたず、一度獲得された土器製作技術はけっして失われないというのが民族学者たちの認めるところである。しかもアイヌは平和な民族で、食人風習をもっていたという記録も報告されていない（モース『大森貝塚（付関連史料）』）。こうした考察にもとづいて、モースは、貝塚（および土器、人骨など）を残した人びと（プレ・アイヌ）→アイヌ→日本人という集団の交替を考えたわけである。

したがって、モースが日本人の祖先が食人風習をもつと述べたという、冒頭の白井光太郎の回想は曲解か単純な誤解ということになる。ただし、当時、日本に滞在していた欧米出身の宣教師のなかには、モースが日本人の祖先を食人種だと述べていると吹聴し、モースへの反発を駆り立てようとする者もいたという（磯野『モースその日その日』）。

次のハインリッヒ・フォン・シーボルト（Heinrich von Siebold）は、幕末日本への西洋医学・博物学の導入に大きな役割を果たし、シーボルト事件でも知られるフィリップ・フォン・シーボルト（Philipp Franz Balthasar von Siebold）の次男である。オーストリア＝ハンガリー帝国公使館に書記官・通訳としてつとめるかたわら、日本に関する考古学研究をおこなった。父親（大シーボルト）と区別して、小シーボルトと呼ばれることもある。

Notes on Japanese Archaeology with Especial Reference to the Stone Age（一八七九）や、日本語で著された最初の考古学概説書といわれる『考古説略』（一八七九）のなかで彼が主張したのは、アイヌこそが日本の先住民族であり、石器や土器、貝塚を残したのもアイヌであるという考え方であった。なお、シーボルトのアイヌ＝先住民族説は、父親から受け継いだものでもあるが（クライナー『小シーボルトと日本の考古・民族学の黎明』）、ここではその問題には立ち入らない。

シーボルトはモースを強く意識しており、モースの解釈に対する細部にわたる反論がなされている。シーボルトによれば、アイヌが現在少量の土器しか作らないのは、物々交換によって日本人から比較的安く陶磁器や金属器を手に入れられるからだし、食人を実証する骨は、一箇所の貝塚から出土したにすぎず、自分の発掘では破砕人骨はまったくみられなかった。また、神武天皇は遠征したとき、各地でエビス、クマソ、エゾなどと呼ばれる蛮族に出会ったが、彼らが北日本に住んでいたアイヌである。日本の史書には、かつて帰順しなかった頃、アイヌは恐ろしい人種だったとあるという（Siebold, *Notes on Japanese Archaeology with Especial Reference to the Stone Age*）。

三人目のジョン・ミルン（John Milne）は、工部省工学寮とその後身である工部大学校、帝国大学（工科大学）などで地震学、鉱山学を講じ、一般に日本における地震学の創始者として知られるイギリス人研究者である。

彼は、北海道を中心に各地で地質調査を続けるかたわら、遺跡調査を実施し、日本の先住民族に関する研究もおこなった。彼の主張の基礎となっているのは、かつてアイヌは日本全土にわたって住んでおり、集団としての日本人があとから渡来し、アイヌを追って北上したという考え方である。こうしたアイデアは、やはり記紀にもとづいており、それだけならシーボルトやモースとさほど変わるものではない。

しかし、ミルンの独自性は北海道と本州とで異なる支配集団の交替を考えたことにある。彼は、北海道の遺跡調査でおびただしい数の竪穴群を発見していた。ミルンは、これらの竪穴住居を残した住民をアイヌの伝承中に登場するコロポクグル（コロボックル）だと考え、北海道では竪穴住民（コロポクグル）→アイヌ→日本人、本州以南ではアイヌ→日本人という図式を想定したのである（ミルン『ミルンの日本人種論』）。

なお、アイヌ語のコロポクグル（コロボックル、korpokkur）は、「蕗(ふき)の下の人」を意味するが、北海道の蕗は二メートル以上に成長するものもあり、児童文学などに登場するような極端な小人というわけではない。アイヌの伝承が伝える小人は地域によって呼称が異なり、ほかにトィチセウンクル、トンチなどと呼ばれる地域もあった。

以上三人の主張が、主として石器時代の遺物遺跡にもとづいて組み立てられているのに対して、生体の計測・観察と頭骨の研究を用いた日本人種論を著したのがドイツ人医学者エルヴィン・フォン・ベルツ（Erwin von Baelz）である。東京医学校、東大医学部などで長年教鞭をとり、日本滞在時の記録である『ベルツの日記』でも知られる。

ベルツによれば、日本人はアイヌ系、中国・朝鮮の上流階級に似たタイプの蒙古系、マレー人に似た別のタイプの蒙古系の三つの構成要素からなる。

まずアイヌは、現在は北海道に少数存在するだけだが、昔本州の広範囲に広がっていた

「要素」(Element)であるという。その人種的帰属について蒙古系説、白人種説のふたつがあるが、ベルツは後者の立場をとる。一方、アイヌ以外の二つの「要素」は、それぞれ明治維新の立役者である長州人と薩摩人に代表される。前者は「大陸から朝鮮を経由して本州南部に上陸し、次いで本州一円に広くひろがった」のに対して、後者は「今日なお薩摩一帯にもっとも純粋な形で残っており、日本の王朝を日本人にもたらした」。つまりは、もともと中部日本と北日本にアイヌが生息していたところに、後来の二つの集団が渡来し、北方へと駆逐していった。こうした過程で、現在の日本人ができあがった。

こうしたベルツの主張は、やはり記紀、とりわけ『古事記』の記述にもとづいて組み立てられている。ベルツによれば、その「混沌とした神話の中に、いま述べた推論でなければ説明できない歴史的核心が描き出されている」のであった(ベルツ「日本人の起源とその人種学的要素」)。

人種交替モデルと記紀神話

以上挙げた欧米人研究者には交流もあり、モースとシーボルト、ミルンのあいだでは論争もおこなわれたが、本書では立ち入らない。だが、ここまでの説明で明らかなように、彼らの議論には主張の違いを越えて大きな共通点があった。彼らは皆、かつて日本列島において先住民族と日本人の祖先のあいだで闘争があり、そこで支配集団の交替が起こったと考えており、しかも、こうした見方の根拠として、記紀（『古事記』『日本書紀』）の記述に依拠していたのである。

そこで、本書では、かつて先住民族に日本人の祖先が取って代わったとする見方を人種交替モデルと呼ぶことにしよう。こうした考え方は人類学の学説史では置換説と呼ばれることが多い。この名称を採用しない理由は、置換という表現は先住民族に日本人の祖先が完全に置き換わったというニュアンスが強く、両者のあいだに混血があった可能性が捨象されると考えられるからである。

では、人種交替モデルが当時日本を訪れた欧米人研究者に広く共有された理由はどこにあるのか。

第一に指摘できるのは、社会進化論が席巻していた一九世紀後半の欧米社会において、人類史を「人種」間の征服＝交替によって把握する歴史（先史時代）観はありふれたものだったということである。

実際、ヨーロッパにおける現在の民族分布は後来の集団が先住集団を征服した帰結ともみなされたし、ヨーロッパ人による新大陸「発見」以降の移住・征服のみならず、先住民族の転換もまた人種交替という図式に該当するものと考えられていた。たとえば、モースの『大森介墟古物編』は、ワイマンによるフロリダ貝塚の調査報告を手本にしているが、ワイマンは、フロリダ貝塚を残した集団は、都合三回交替したと考えていたという。

第二に、記紀の記述が史実を反映しているという解釈が、人種交替によって日本に居住する集団の起源を理解しようとする見方を強化した。記紀によれば、九州の日向を出発した神倭伊波礼毘古命（『古事記』）は東方へ移動しながら、各地の先住勢力（蛮族）を征服し、大和の橿原で初代天皇に即位する（神武天皇）。こうした建国神話（神武東征神話）に登場する蛮族の集団が日本各地に石器や土器を残したと考えられていたのである。

記紀は、それ以前から大シーボルトらによって西欧世界に紹介され、一九世紀末には英語への完訳もおこなわれた。これらが史実を反映していると当時の欧米人研究者にみなされたのは、基本的には日本の「文明」に対する彼らの信頼にもとづいているといってよい。

当時、来日した欧米人が日本（人）に対して、エドワード・サイード（Edward Said）のいうオリエンタリズムに満ちた眼差しを向けたことは確かだが、一方で、彼らの多くは日本の「文明」を高く評価していた。たとえばモースによれば、「二千年近くまでほぼ完全にさかのぼる歴史、非常に多くの点で欧米文明に類似する文明」を有する日本では「歴史家がその歴史の詳細を驚くほどの忠実さで記録している」ため、「大森貝塚の年代を推しはかるための、いわば時間を測る基準を多少ともっている」と考えられたのである。

なお、石器時代（縄文・弥生）は、現在の理解——最近の研究では、縄文時代の開始は約一万五〇〇〇年前、弥生時代の開始は約三〇〇〇年前（諸説あり）——よりはるかに最近のこととみなされていた。モースは一五〇〇〜二〇〇〇年前より以前、シーボルトはそれよりも新しいと述べていた。さらにミルンは、古地図などを参考に、東京湾の沖積（ちゅうせき）速度の推定にもとづいて二〇〇〇年前より新しいだろうという算出もおこなっている。

コロボックル論争

そして、こうした「お雇い外国人」による議論の延長線上で、その後の日本人研究者による日本人種論も展開することになる。そこで最初に取りあげるべきは、草創期の日本人類学・考古学を代表する論争として知られるコロボックル論争（アイヌ・コロボックル論争）である。

この論争の端緒となったのは、札幌農学校（のちの北海道大学）卒業後、東大生物学科（選科）に在学中だった渡瀬荘（庄）三郎が学会創設直後の一八八四年一〇月の例会でおこなった「札幌近傍ピット其他古跡ノ事」と題する「談話」である。渡瀬はその後アメリカに留学し、著名な動物学者となるが（一九一〇年より東大動物学教授）、坪井とは大学予備門時代からの友人だった。

さて、先の「談話」のなかで、渡瀬は北海道各地に残る竪穴住居の跡（ピット）を紹介し、そこに住んでいたのはアイヌ以前の「土人すなわちこびと」であるコロボックルだろうという推測を述べた。渡瀬は「チシマ、アリウト、カラフトなどにては今もこの如き穴に住するものあり」と述べているので、彼がコロボックルの実体をこれらの現存する集団と考えていたことは間違いない。「アリウト人［コロボックル］［は］蝦夷人［アイヌ］に逐われ、蝦夷人［は］日本人に逐われしならん」という渡瀬の考えた人種交替の図式は、先に紹介したミルンの議論を踏襲したものだと思われる。

実のところ、渡瀬がこうした人種交替に関する説明にどれだけ確信をもっていたかは不明であり、これ以降、彼自身がコロボックルに関して言及することはなかった。ところが、この「談話」は意外な反響を招くことになる。一八八七年、白井光太郎が「M・S」という筆名で渡瀬批判の論考「コロボックル果シテ北海道ニ住ミシヤ」を人類学会の機関誌（二巻一一号）に寄せ、それに対して坪井正五郎が「コロボックル北海道に住みしなるべし」という反論を翌一二号に載せることで、日本列島の先住民族をめぐる長年にわたる論争の火蓋が切られたのである。

その後、ふたりのあいだで、白井「コロポッグル果シテ内地ニ住ミシヤ」（一三号、筆名：神風山人）、坪井「コロポックグル内地に住みしなるべし」（一四号）といったやりとりが続く。

議論の詳細は省くが、この論争の過程で、坪井は、石器や土器は北海道と本州以南で共通するという判断から、日本列島の先住民族はコロボックルだという主張をおこなうようになる。坪井と白井という学会創設メンバー間の論争は、白井が植物学に専心するため人類学から離れていった翌八八年には終息するが、ここで白井に代わって登場するのが、坪井と並ぶ日本人類学の大家・小金井良精（よしきよ）である（図1-2）。

図1-2　小金井良精

小金井良精は一八五九年、越後国長岡（現・新潟県長岡市）の中級武士の次男として生まれた。大学南校を経て、第一大学区医学校（東大医学部の前身）にわずか一五歳で入学、卒業後の一八八〇年にドイツに官費留学する。シュトラスブルク大学（現ストラスブール大学）のヴァルダイヤー（Heinrich G. Waldeyer-Hartz）のもとで解剖学・組織学を学び、一八八五年に帰国。以降、東大医学部教授として、長年にわたり解剖学・組織学を講じた。骨の計測を専門とし、坪井とは対照的に、アカデミズム内での活動を重視する謹厳実直な研究者として知られた。妻の喜美子は森鷗外の妹、孫がSF作家の星新一である。

さて一八八八年夏、小金井良精は、大学院生だった坪井正五郎とともに、二ヵ月にわたる北海道の調査旅行を実施する。だが、この北海道での調査から、ふたりは相反する結論を導き出すことになった。坪井がコロボックル説への確信を強める一方、小金井は、翌年夏に再び実施した長期の北海道調査をふまえ、一八八九年、「北海道石器時代ノ遺跡ニ就テ」と題する論考を学会機関誌（四四号）に発表。日本の先住民族はアイヌだという主張を開始したのである。

坪井より年長で、ドイツ留学を経てすでに医学部教授の職にあった小金井が、坪井と真っ向から対立する主張をおこなった意味は大きかった。これ以降、コロボックル論争は、坪井のコロボックル説対小金井のアイヌ説という形で、一九一三年に坪井が急死するまで、他の研究者も巻き込んで断続的に続けられることになる。

コロボックル論争の過程で、坪井はコロボックル説にもとづく論考を次々に発表し、彼の議論はより精緻なものになっていく。また、坪井の高名と熱心な啓蒙活動もあって、コロボックル説は世間一般に広く知られるようになった。

論争の資料と証拠

では、コロボックル論争がおこなわれた当時、日本の人類学者、考古学者は何にもとづいて「石器時代人」を論じていたのだろうか。ここで論争の当事者である坪井正五郎と小金井良精がどのような資料に依拠していたかをみておこう。

まずは坪井の「コロボックル風俗考」(一八九五―九六)と「石器時代総論要領」(一八九七)から。このふたつはコロボックル説がもっともまとまった形で述べられた論考であり、前者は日本初のグラフィック雑誌である『風俗画報』に連載され、コロボックル説の普及にあたって大きな役割を果たしたといわれる。

まず注目されるのは、「石器時代人」の「風俗」(生活)に関する考察の資料として坪井が挙げているのが、(一)「アイヌの伝えたる口碑」、(二)「本邦石器時代の古物遺跡」、(三)「未開人民の現状」だということである。

「コロボックル風俗考」では、以上三つの観点からコロボックルの「風俗」(身体装飾・衣服・冠り物・覆面・遮光器・飲食・住居・器具・日常生活・鳥獣魚介の採集・製造・美術・分業・貿易・交通・運搬・人事)に関する推測が述べられているが、これは現在の考古学とは大きく異なるスタンスだといってよい。現在でも(三)のように、現存する伝統文化に関する知見から過去の遺物の用法を推測することはあるが(民族考古学)、あくまで研究の基本となるのは(二)の物質文化であり、(一)のように伝承に依拠することは基本的に考えられない。

そもそも現在の感覚では、石器時代の人びとの生活が伝承として今に伝えられていること自体、信じがたいところだろう。だが、坪井は石器時代が北海道では数百年前まで続いたと推測しており、「石器時代人」に関する「史伝口碑は日本人の間には存する事無きも、「アイヌ」の間には諸部落において幾分かずつ存す」と考えていた（坪井「石器時代総論要領」）。

なお、石器時代の年代については、東京近辺では約三〇〇〇年前からだというのが坪井の見積もりであり、これがその後、なかば定説化していくことになる。もちろん、放射年代測定法などが存在しなかった当時、石器時代の絶対年代の決定はそもそも不可能だった。だが、坪井がいう三〇〇〇年という数値の根拠は、先述のミルンによる二〇〇〇年前だと、記紀がいう日本建国の二千六百年前より新しくなってしまうため、それよりは古いと考えればよいだろうといった程度の曖昧なものだった。

そして、コロボックルの「風俗」の推測のため用いられる物質文化としては、貝塚や（彼が住居跡と考えた）竪穴などが中心を占めていた。これらの資料にもとづいて、豊富な挿絵とともに、坪井はコロボックルの生活についてさまざまな推測をおこなっている（図1-3）。

だが、現在の考古学とは異なり、生産手段への関心はあまり目立たない。貝塚などを根拠にコロボックルが狩猟採集（「鳥獣魚介の採集」）で暮らしていたことが指摘されるものの、現在、縄文時代と弥生時代を区分する指標となっている農耕（水田耕作）の起源などへの言及はまったくみられない。もちろん、明治期に石器時代の農耕など頭に浮かぶはずはなかっ

図1-3　コロボックル想像図

たのだろう。第4章でみるように、考古学で農耕の起源に対する関心が高まるのは一九三〇年代のことである。

また、坪井が注目する物質文化の筆頭が、土器ではなく土偶であったことも興味深い。土偶がコロボックルの「風俗」を読み解くための材料として用いられるのは自然なことだが、現在のように、祭祀との関連や抽象的表現に着目するのではなく、彼は、土偶の紋様を石器時代の「風俗」をそのまま反映するものとみなしている。

坪井は、たとえば遮光器土偶（亀ヶ岡式土器）として知られる土偶の目の表現と、エスキモーが用いるゴーグル（遮光器）との類似性に着目しているが、これは、エスキモーなどの「北地現住民」がコロボックルの末裔だという推測にもとづいている（坪井「コロボックル風俗考」）。現在ではゴーグルだという考えは否定されているものの、遮光器土偶という名称のもととなったのはコロボックル説なのである。

次に、小金井良精のアイヌ説について。

坪井はアイヌの伝承に依拠してコロボックル説を唱えたわけだが、小金井は、「お雇い外国人」と同様、記紀の記述を信頼している。たとえば「本邦貝塚ヨリ出タル人骨ニ就テ」（一八九〇）によれば、「往昔アイノ人種のこの土地の大なる部分に居住し、漸々北方に逃走せしことは歴史上信ずべきこと」だという。

では、アイヌ説の人類学・考古学的な証拠は何なのか。ここでは、小金井がコロボックル説に対する全面批判をおこなった『日本石器時代の住民』（一九〇四）をみてみよう。これは、前年、小金井が学士院でおこなった講演をもとにしており、あとで述べるように、本書の出版を契機にアイヌ説の支持者は急増することになる。

まず注目されるのは、彼が、自らの専門である人骨研究（「この骨についての性質」）は「コロボックル説の助けにもならぬし、またアイノ説の助けにもならぬ」と認めていることである。二〇世紀初頭の段階では、発掘された石器時代の人骨は必ずしも多くなく、解剖学を学んだ小金井も骨のデータからは確たることはいえなかったのである。

それでは、小金井は何を根拠にアイヌ説を主張するのか。彼は「ただ石器時代の遺物遺跡があるというその同じ土地に、アイノの如き開化の度の極めて低い人間が居る」、そして「その土地に遺跡遺物がある、そうしてその同じ土地に現在そういう低い程度の人間が居るというので、その間に関係があるであろうという、それが私の考」だと述べ、以下、坪井の主張を一つ一つ批判していく。

現在の感覚からすれば小金井のアイヌ観は差別的なものであり、またコロボックル説批判の論点も興味深いものだが、ここでは立ち入らない。ただここで見逃せないのは、考古学上の研究についても、「方方の貝塚、その他の年代を鑑定して、順序を立てて、そうして貝塚を造った人種の生活の変遷して来た状態を言い現わす程には未だ進んでおらぬ」と小金井が認めていることである。

こうしてみると、コロボックル説に対する批判はさておき、坪井のいささか素朴ともいえる推測に対して、小金井の慎重な姿勢が目立つ。ここには両者の学問観の違いも現れているが、小金井の言葉からは、骨にせよ土器（石器）にせよ、明治期の段階ではいまだ遺物遺跡などの資料からは「石器時代人」の正体について確たることはいえなかった状況もうかがえるだろう。

縄文土器と弥生土器

では、明治期における土器の認識はどのようなものだったのか。次に縄文土器、弥生土器に関する研究状況を概観しておこう。

まずは縄文土器から。「縄文（紋）」という呼称は、モースが大森貝塚の発掘報告書で、その形状から cord marked pottery という用語を用い、その邦訳版で矢田部良吉（植物学者）が「索紋土器」と訳したことに由来する。その後、文献上では先述した白井光太郎が「縄紋」という用語を初めて用い（一八八六年）、これ以降、人類学会関係者のあいだで「縄紋」の使用が次第に増えていったとされる。

一方、現在もっとも一般的な表記となっている「縄文」については、先述した神田孝平が使用したのが最初（一八八八年）というのが定説だが、最近の研究によれば、神田による「縄文」という表記の使用は偶発的な誤植の可能性が高いともいう（里見絢子「「縄紋」から「縄文」への転換の実相」）。

また、坪井正五郎は、モース（あるいは白井）への対抗意識もあってか、「貝塚土器」や「蓆紋土器」（蓆のように編んだ紋様の意）といった用語を用いていた。坪井の影響力もあって、明治期の人類学・考古学ではこちらの用語の方が使用頻度は高かったようだが、彼が死去して以降はほとんど使われなくなったという。

一方の弥生土器は、人類学会創設メンバーである有坂鉊蔵が東京府本郷区向ヶ丘弥生町（現・文京区弥生）の向ヶ丘貝塚で発見した壺とそれと類似した土器に由来する。その後、人類学教室関係者のあいだで弥生式という呼称が用いられていたが、公式には在野の考古学者・蒔田鎗次郎が「弥生式土器」という名称を一八九六年に用いて以降、普及したとされる。

縄文土器と弥生土器の先後関係については、一九〇六年、イギリス出身の医師・考古学者であるマンロー（Neil Gordon Munro）と、かつて人類学教室員（「標本取扱」）をつとめたこともある考古学者・八木奘三郎が神奈川県南加瀬貝塚（川崎市）の発掘で初めて公式に確認したとされる。南加瀬貝塚では縄文土器と弥生土器が出土したが、マンローと八木は弥生土器が上層から出土することを確認・報告した。また、これに先立ち、彼らが神奈川県三ッ沢貝塚（横浜市）で実施した発掘（一九〇五—〇六年）はトレンチ法を用いた日本初の大規模調査といわれる（横浜市歴史博物館編『N・G・マンローと日本考古学』）。

なお、マンローは日本における旧石器時代研究（第5章）の草分けとしても知られるので、ここで簡単に履歴を確認しておこう。

一八六三年、スコットランドに生まれたマンローはエジンバラ大学で医学を学んだのち、インド航路の船医となり、九二年に来日した。彼は学生時代から人類学・考古学に関心をもっており、医者として勤務のかたわら、日本各地で発掘調査を実施した。小金井良精らとも密接な交流をもち、アイヌ説の立場から坪井のコロボックル説批判もおこなっている。主著として、ヨーロッパに日本の石器時代を紹介する目的で自費出版した*Prehistoric Japan*（『先史時代の日本』一九〇八）がある。一九〇五年、日本に帰化し、晩年には北海道の二風谷に移住、アイヌの医療に携わるかたわら、アイヌの民族学的研究をおこなった（桑原千代子『わがマンロー伝』）。

土器の問題に戻ろう。さらに一九〇七年には尾張熱田高倉貝塚（名古屋市）で弥生土器と磨製石斧などが共伴することが確認され、弥生土器が石器時代の土器だという認識も次第に強まってくる。ただし、弥生土器が金属器と共伴する事例もあり、そのことが弥生土器の位置づけをめぐるさまざまな議論を生み出すことになった。このことは第4章で述べる。

しかも、弥生土器（「弥生式土器」）という名称がすぐに定着したわけではなく、当初は「馬来式土器」「中間土器」「埴瓮土器」などさまざまな呼称が用いられていた。土器名称の詳細については立ち入らないが、草創期の人類学・考古学において縄文と弥生という対比で考える発想はまだ確立していなかったことを確認できる。

ただ、二〇世紀に入って以降、徐々に弥生土器が縄文土器よりも新しい時代の産物らしいという認識が広がっていったことは日本人種論にとって重要な意味をもった。次章でみるように、大正期に入ると、縄文・弥生土器の区別や先後関係を「人種」の違いと結びつけることで、人類学・考古学の立場から、鳥居龍蔵が本格的な日本人起源論を提唱することになるのである。

鳥居龍蔵の千島調査とアイヌ説の「勝利」

先に述べたとおり、坪井正五郎の熱心な啓蒙活動もあって、明治期後半にはコロボックル説は世間に広く知られるようになっていた。だが、実のところ専門家のあいだではコロボックル説の評価は必ずしも高くなかった。実際、アイヌの伝承に登場するコロボックルの実在を主張する坪井に対しては、小金井良精だけでなく、さまざまな論者が批判をくわえており、人類学教室のメンバーも全員がコロボックル説支持者だったわけではない。

坪井は自説に対する批判にいちいち反論していたが、コロボックル説に決定的な痛手を与えたのは、皮肉なことに坪井の弟子である鳥居龍蔵が一八九九年におこなった千島の探検調査の結果だった。先に述べたように、コロボックル説は、竪穴式住居跡はコロボックルが住んでいた跡だという伝承をアイヌがもっていたこと、アイヌが土器製作をおこなわないことなどを根拠にしていた。だが、千島アイヌ（八四年に日本政府によりシュムシュ、パラムシル、ラサワの三島から色丹島に強制移住させられていた）の調査の結果、彼らにはコロボックルのような先住民族についての伝承は存在せず、竪穴は自分たちの祖先が残したものだと伝えていること、さらに土器や石器もかつて用いていたことが明らかになったのである。

鳥居の調査は、もともとは北千島のシュムシュ島で発見された竪穴住居跡がコロボックルの残したものではないかとの推測のもと、坪井に命じられたものであり、彼自身は、当初この調査結果がコロボックル説を直接否定する論拠だとは主張しなかった。

だが、坪井周辺の研究者がコロボックル説に反すると考えられる証拠を提示した意味は大きかった。小金井は、先述した『日本石器時代の住民』で、鳥居の調査結果を自説にとって決定的な証拠として取りあげ、これによってアイヌがかつて土器を製作し、竪穴に住み、すべての石器時代の遺跡を残したのであり、「鳥居氏が多くの証拠となるべき事実を以って私の説を全然確かめられたということを私はここに明言いたします」と主張したのである（小金井『日本石器時代の住民』）。

かくして、これ以降、アイヌ説が優位であることは誰の目にも明らかになっていく。坪井に近い鳥居でさえ、小金井の著作への書評で「近時の石器時代住民論についての現象はアイヌ説論者のもっとも得意たることを示し、かつその研究論文の多く世に公にせらるることを示した」が、コロボックル説に立つ議論は「近時寂としてその声を聞かざる」と評するような状況が生まれていた（鳥居「小金井良精博士著『日本石器時代の住民』」）。

実際には、坪井は小金井の著作に対しても反論をくわえており、一九〇七年には、自らコロボックル説の証拠を求めて、当時日本領土となったばかりの樺太でも現地調査を実施している。だが、坪井自身、コロボックルに言及することは次第に少なくなっていった。

第2章　日本人とは誰か

随分一時今日の大和民族の祖先はどうであったろうという処の御研究があり、ただただ座談としてその方面の御話のあったこともあります。また人類学会のごく初の頃、大学院に御出での頃でありましたかと記憶いたしますが、その時ある有力な先輩の御注意を受けたことがあったと聞いております、その頃は随分日本の思想の大に変化しつつある時代でありまして、一方に極端なる欧化主義と申しまするか、そういう主義も入って来れば、反動として随分また極端な保守思想も行われておったのであります、その保守思想の側には社会における有力な位置にあられた者も少くなかったのであった、その坪井教授に助言を与えられました方なども日本のこの大和民族の祖先の事についてある意見を発表された処が意外にもこの保守思想の側から圧迫を受けられた、それで深く研究をしてもこれを発表することについてはよほど慎重な態度を取らなければならぬというような注意を博士に与えられたそうであります、それで人類学の研究の中で最も面白い日本民族の由来ということにつきましてよほどその後までも慎重の態度を取られたように見受けられた、しかしながらこれについては始終注意を怠らなかったという事は時々のお話の端に承っておった次第であります。

（山崎直方「故坪井会長を悼む」一九一三）

日本人の起源というタブー

明治期の日本人種論に関して注意が必要なのは、人類学会創設以来、日本列島の先住民族をめぐって激しい論争が続く一方、先住民族を駆逐・征服したとされる日本人の起源についてほとんど議論がおこなわれなかったことである。

もちろん、草創期の人類学者、考古学者が日本人の起源に無関心だったというわけではない。学会創設後、『人類学会報告』二号（一八八六）で、坪井正五郎自ら「日本人種」の起源に関する研究を進めるための紹介欄（「抜萃（ばっすい）」）をつくろうと呼びかけ、モースなどの所論が紹介されている。だが、この号以降、「抜萃」が掲載されることはなく、それ以降も、初期の機関誌で日本人の起源に言及した論考はほぼ皆無となる。
こうした明治期の人類学・考古学における日本人起源論の不在に関して、従来から注目されてきたのが、冒頭に掲げた山崎直方の証言である。坪井は日本人の起源に関心をもちつつも、大学院生時代に「ある有力な先輩の御注意」を受けたことがあり、それ以降、この問題について慎重な態度をとるようになった。日本人の起源をめぐる研究はタブーだったというわけだ。

春成秀爾はこの「先輩」を帝室博物館の三宅米吉だと推測しており（春成『考古学者はどう生きたか』）、その背景には、一八九〇年代以降、天皇制国家体制の基盤整備が進められる過程で起こった歴史学者・久米邦武による「神道は祭天の古俗」の筆禍事件（一八九二年）などの影響も指摘されている。確かに、歴史教育の場などで、天皇制の根幹に触れることへのタブーが拡大していったこの時期、人類学・考古学関係者に日本人の起源を忌避する心理が働いた可能性は高い。坪井の場合、国家の中枢教育機関である東大に所属していたことも影響しただろう。

だが、少なくとも明治期の人類学・考古学において日本人の起源が語られなかった理由を、「先輩の御注意」だけで説明するのは単純すぎることも確かである。実際に同時期、歴史学などの領域では、さまざまな日本人起源論が語られていた。本書では扱わないが、伝統的な国学者から、記紀の解釈にもとづいて日本人の起源について語ることへの反発が表明される一方、明治期には、記紀の記述や言語の類似性などにもとづいて、日鮮同祖論、日満・日蒙同祖論、さらに日本人アーリア起源説までも唱えられていた（工藤雅樹『研究史　日本人種論』、小熊英二『単一民族神話の起源』）。また、天皇制のタブーといっても、第6章でみる一九四〇年代前半と明治期の言論状況を同一視することはできない。

では、人類学会創設後、人類学者、考古学者がほとんど日本人の起源に関する研究をおこなわなかった理由として、ほかに何が考えられるだろうか。

まず指摘できるのは、一部の国学者を除けば、日本人の祖先の大陸由来についてほぼ共通了解が得られる一方、明治期の段階では、その起源の地と考えられる東アジア地域に関する知見が決定的に欠けていたことである。一八九五年の台湾領有などを契機に、徐々に海外調査も本格化していくが、当時の人類学者、考古学者が主たる研究材料としていたのは日本国内の遺物遺跡であり、海外の民族や遺物遺跡に関する知見はあまり蓄積されていなかった。そうした限られた材料から日本人の起源について実証的に論じることはそもそも困難だっただろう。

さらに、考古学的な遺物遺跡中心という、当時の日本人類学・考古学の性格が、日本人の起源を射程外に置いたとも解釈できる。第1章でみたように、明治期には大部分の研究者は、記紀の記述などにもとづき、土器や石器を残したのは先住民族であり、日本人の祖先は金属器段階で日本列島に渡来したと考えていた。したがって、石器時代の遺物遺跡を主たる研究材料としていた人類学者、考古学者にとって、日本人の起源は第一義的な研究対象とならなかったと考えられる。

そして、ここでさらに注意したいのは、集団としての日本人をどうとらえるかという問題である。日本人の起源をめぐる研究は、当然、日本人という集団の存在を前提としているが、では日本人を他の人びとと区別する学問的根拠は何なのか。また、人類がかつて日本列島に複数回渡来してきたとすれば、日本人をどうしてひとつの集団ととらえられるのか。こうした問題について明治期の研究者はどう考えていたのだろうか。

日本人種の起源

近年では、人類を複数の人種（race）に分類することはそもそも不可能だという認識が常識となり、人類学者が人種という用語を用いることはほとんどない。彼らが現在、用いるのは集団遺伝学における集団（population）という概念である。

だが、日本でも一九九〇年代頃までは、人類学者にとって人種（race）は学問の根幹に位置する用語であり、研究者のあいだでも、人種が肌の色などの生物学的な人間の区別であるのに対して、文化的な区別を民族と呼ぶという理解が一般的であった。一昔前の自然人類学や文化人類学のテキストをみればわかるが、自然人類学者が扱うのが人種、民族学者（文化人類学者）が扱うのが民族という了解が研究者のあいだでも普通だったのである（坂野「人種・民族・日本人」）。

また、アメリカにおける黒人差別を人種差別と呼び、日本における在日朝鮮人・中国人に対する差別は民族差別と呼ぶという、かつてよく用いられた言葉の使い分けも、こうした人種と民族の区別に通ずるものである。ここから、日本にはレイシズム（racism）＝人種差別はないといった類いの憶説も出てくることになるわけだ。

だが、歴史的にみると、こうした人種と民族の用語としての使い分けが成立したのは、大正期に入ってからのことである。明治期中盤まで、人種とは単に「人の種」つまりは「同じ種類の人」を意味するにすぎず、人種（race）、民族、階級、階層などを指す場合にも用いる非常に多義的な言葉だった（與那覇潤「近代日本における「人種」観念の変容」）。たとえば、日本人の「人種改良」を説いた著作として知られる高橋義雄『日本人種改良論』（一八八四）のいう日本人種は必ずしも生物学的な意味の人種ではなかったし、当時刊行された日本人の起源をめぐる論考にあっても、そこで問題にされる日本人種は、日本人という集団を曖昧にくくる言葉にすぎなかった。

それは、坪井正五郎の説明によく表れている。たとえば、留学から帰国後、彼が『東京人類学会雑誌』に発表した人類学の概説「通俗講話人類学大意」（一八九三）によれば、人類中の「諸群相互の異同」を調査したり、各群の「起源沿革」を考究する分野を人種学（「エスノロジィ（Ethnology）」）と呼ぶが、「世間で常に用いる日本人種、大和人種、天降人種などの人種なる語」は「便宜上存して置くべきもの」にすぎない。

しかも、坪井自身は人種を分類すること自体に懐疑的だった。彼が雑誌『太陽』に発表した「人種」（一八九六）という論考によれば、人種分類には頭骨の形状や言語の分類などさまざまなものがあるが、結局のところ「人種とは如何なる方法かによって分類した所の人類の一群」としか定義できないのである。

先に述べたとおり、坪井は早くから日本人の起源に関心をもっていた。「先輩の御注意」を守ってか、当初こそ沈黙していたものの、二〇世紀に入る頃から、機会を得て何度か日本人の起源に関する持説を語っている。

たとえば、日露戦争時、日本海海戦の勝利を受けて書かれた「人類学的智識の要益々深し（承前）」（一九〇五）で、坪井は、日本はロシアより人種が単純ゆえ団結力が強いという説を退けつつ、次のように述べている。

日本の地形からいいますと、アイヌも混ざりそうであり、馬来（マレー）種族も混ざりそうである。大陸の方から来た者も混ざりそうである。その上に歴史および古物の調査等が混交の証を示している以上は、これが純粋であるということはいえないのであります。

したがって、日本の方がロシアより「種族」として複雑なのだが、この「混ざったということ」は恥ずべきことではない。人種は純粋な方がよいというのは謬見（びゅうけん）であり、「日本種族」は複雑だが、「統御法のよろしきを得たがために、かくの如く勝利を得た」のだという。

その後、一九〇八年に坪井は東大の井上哲次郎から依頼を受け、そのものズバリ「日本人種の起源」と題する講演をおこなっている。坪井は体格と風俗の両面から「日本人種の起源」について論じているが、そこではまず「起源」という発想自体への懐疑が指摘される。彼によれば、ただ似ているからといって、すぐにそれが日本人種の源であるというわけにはいかない。日本人が朝鮮人、あるいは「馬来人」に似ているといっても「日本から朝鮮へ行ったり馬来へ行ったりする事も有り得る」から、これが起源であると断定することはできない。さらに次のようにいう。

それで人種の混交したということについてモウ一つ述べて置かねばならぬことは国境

のことであって、今日はこれだけの土地が日本という国であり、これから先きは朝鮮でありコチラの方は比律賓（フィリピン）であり馬来（マレー）であるというような区別がありますから、日本人が混交していると言いますとつまりその境を経て引越して来たものであるように聞えるが、ごくごく古い時のことを考えると国境も無くただ人種の分布として朝鮮風の人種が今の朝鮮地方から今の日本のある部分に掛けて住み、馬来風の人種が今の馬来地方から今の日本のある部分に掛けて住み、「アイヌ」が本州から北海道の方へ掛けて拡って居たというような訳であったのでありましょう、こういう風に三つの者が接しておりついには段々重り合って混合したものであろう、それが後世の日本国民であろう。

ここで見逃せないのは、国境に対する言及である。かつては国境が存在しなかった以上、「朝鮮風の人種」「馬来風の人種」「アイヌ」が日本列島にも分布しており、それらが「混合」した結果、現在の日本国民の祖先となったにすぎない。

このような坪井の説明は、彼が「日本人種の起源」について語りつつも、日本人というカテゴリーが国境という枠組みによって作り出されることに自覚的だったことを示している。その意味で、彼の議論はナショナリズムの要請から逸脱するベクトルを内包していたといってよい。

ちなみに、坪井に講演を依頼した井上哲次郎は日本人初の哲学教授として知られるが、キリスト教を排撃し、国民道徳を説いた典型的ナショナリストであった。坪井に対する講演依頼も、日本人のアイデンティティ確立という思想的要請から来たものと考えられるが、坪井の講演は、おそらく井上の期待に応えるものではなかっただろう。

あとでみるように、大正期に入ると、人類学者、考古学者が日本人の起源をめぐってさまざまな学説を提唱する時代が始まるが、そこでは、坪井に存在した日本人という枠組みの恣意性への自覚は消失することになる。

それでは、その間に一体何があったのか。それは、一言でいえば、日本人の起源を研究するための枠組み、つまりは日本人という集団を定義づける学問的根拠の変容もしくは成立である。

日本人種から日本民族へ

日本人類学の指導者である坪井正五郎も、二〇世紀に入る頃から日本人の起源について語るようになっていたが、日本人種とは何なのか、その内実はあまりさだかではなかった。坪井によれば、日本人種とは、体格つまりは生物学的な特徴と、風俗つまりは文化的な特徴の両面から語られる何物かであり、しかも極論すれば、国境という人為によってつくられたものにすぎなかった。

だが、日本人の起源をめぐる考察は、いやおうなく集団としての日本人をくくる概念の再考を要請するだろう。そしてその過程で、日本人とは生物学的（自然科学的）なカテゴリーか、それとも文化・歴史的なカテゴリーかという問題が、研究者のあいだでも徐々に意識されるようになってくる。

明治期初頭における人種という用語の多義性については先に述べたが、それでは人種としばしば対比される民族という用語はどういう経緯で使われるようになったのか。

実は、民族は比較的新しく作られた言葉である。歴史学者の安田浩によれば、明治期前半にはほとんど使われることのなかった民族という言葉の使用が広がっていったのは、雑誌『日本人』（一八八八年創刊）、新聞『日本』（八九年創刊）の刊行が大きな契機であった。これらのメディアは国粋主義、日本主義を主張したが、そこでは「欧化主義を批判し、国民的発展の基準を伝統・歴史・文化に求めたがゆえに、伝統を継続して歴史的に担ってきた主体」として民族という言葉が打ち出されたという（安田「近代日本における「民族」観念の形成」）。

また、歴史学者の山室信一によれば、現在の民族に該当するものとして明治期前半に用いられていた民種、種族（属）といった言葉から人種と重なる種の字を省いたり、人民の種族の縮約として民族という言葉が鋳造（ちゅうぞう）されたのではないかともいう（山室『思想課題としてのアジア』)。いずれにせよ、民族という用語が明治期中盤以降に普及したとすれば、その過程で人類学者、考古学者も徐々にこの言葉を使うようになったとみてよいだろう。

たとえば、鳥居龍蔵が一九一〇年に発表した「人種の研究は如何なる方法によるべきや」では、「私自身の今日の立場は一般人類その者の研究ではなくして、むしろ人種とか民族とかの研究を主としている」という表現で、民族という言葉を用いている。しかもまた、ここでは、「人類の研究と人種の研究とは全く別」という認識のもと、その後の理解に通じる人種の定義も示されている。鳥居によれば、「人類というものは、もと種(Species)は一つでありまして、その種の中に幾らか変種(バライチー)がある。この変種が人種(レース)というもの」なのである。

ただし、鳥居は人種の研究が自然科学的方法によるものと考えるわけではない。鳥居によると、「人類の研究」である人類学は他の動物と比較して人類の研究をおこなうため、「純然たるナツールヴィゼンシャフト[自然科学]」に立つのに対して、人種の研究は結局のところ「レースおよびレース以下の者[clan、tribeなどといった下位分類単位]」に向かっての歴史的研究をする」がゆえに、「クルツールヴィゼンシャフト[文化科学]」との関係が非常に強くなるという(鳥居「日本人類学の発達」)。

それでは、人類学・考古学の領域で、人種＝生物学的、民族＝文化的・歴史的という了解はいつ頃成立したのだろうか。

当然、論者によって人種および民族についての理解に違いがあるうえに、そもそも民族概念の普及は徐々に進行した現象であるため、はっきりとした時期を確定することはできない。だが、当初から文化的・歴史的意味合いを含む民族という言葉の使用が広がっていくにつれて、従来から用いられていた人種という用語の「生物学化」が進行したと考えられるだろう。

そこで、民族概念の普及が日本人種論にいかなる影響を与えたのかを考えるために、大正期初頭、柳田国男によって刊行された雑誌『郷土研究』創刊号（一九一三）の巻頭論文に注目してみたい。「郷土研究の本領」と題するこの論考を書いたのは、柳田とともに雑誌を立ち上げ、日本における神話研究の先駆者としても知られる高木敏雄（宗教学者）である。

高木は、まず郷土研究の目的は「日本民族の民族生活のすべての方面のすべての現象の根本的研究」だと主張する。ここで問題になるのは、では民族とは何か、日本民族とは一体どこまでを含み込むカテゴリーなのかということである。彼によれば、民族とは「相集って一個の社会を組織する人間の有機的血族団体」であり、日本民族とは北海道のアイヌを除く列島の住民すべてを含む（ただし、沖縄の住民は日本民族中の一民族だと高木はとらえる）。そして、これらの住民は「その言語において、その風習において、その信仰において、すなわちその文化のすべての方面において共通している」という。

一方、高木は、日本民族の「人種問題」に関しては「今のところでは何一つ断定的のことをいうことができぬ」という。彼によれば、「生物学上の概念」である人種と「歴史的概念」である民族ははっきりと区別されねばならない。そして、「日本人種の起源問題」について多くの学者が研究を進めているが、これらの研究には少なくとも三つの誤解が見出せる。すなわち「人種と民族との概念の混同、人種の起源地に関する誤想、民族文化の研究と人種問題の解決との関係についての偏見」が常に「日本人種」の問題に付帯して、この単純な問題を面倒なものにしているという。

先にみた坪井や鳥居とは異なり、高木は、文化や歴史と結びついた民族に対して、人種は生物学的概念だと明確に述べている。ただし、人種を「生物学上の概念」ととらえる高木にあっても、日本人種や人種は仮構的なものにすぎない。高木によれば、人種という概念は「要するにはなはだ漠然たるもの」であり、「民族の文化の研究」という観点からは日本人種の起源問題の解決は重要性をもたないのである。

だが、高木の批判にもかかわらず、人種と民族の区別が明確になることで、逆説的に日本人起源論はその基盤を与えられることになった。先にみたように、坪井も二〇世紀転換期から日本人の起源について語り始めていたが、そこでいう日本人種は曖昧な存在であり続けていた。人種という言葉の曖昧さは日本人種というカテゴリーの曖昧さにつながり、そこには常に日本人種の確定不可能性という問題がつきまとっていた。

しかし、集団としての日本人を日本人種と呼ぶことをやめ、歴史や文化の面で共通性をもつ日本民族と呼べば、こうした問題はとりあえず解消されるだろう。たとえ日本人が生物学的な人種（race）でないとしても、文化や歴史の面で統一性をもつ集団であると考えれば、その生物学的な組成を含めて起源を問う研究は一応可能となるからである。

もちろん、文化や言語を共通にする日本民族（日本人）という発想もまた国民国家の産物であり、けっして絶対的なものではない。一体どこまでを文化的・歴史的共通性ととらえるかという問題がすぐに浮上するからである。

だが、日本人種に代わって日本民族というカテゴリーが登場したことは、単なる言葉の変化にとどまらない影響を日本人種論にもたらした。実際、日本人を生物学的な意味での人種（race）とみなすことをなかば放棄し、日本人の文化的・歴史的統一性、あるいは民族としての一体性を前提に、大正期以降の人類学・考古学は日本人の起源を追求していくことになるのである。

人類学者・鳥居龍蔵

一九一三年、日本の人類学・考古学関係者にとって衝撃的な事件が発生する。草創期から日本の人類学を率いてきた坪井正五郎が、万国学士院連合大会出席のためロシアのペテルスブルクに出張中、現地で急死してしまったのである。急性腹膜炎であった。ここでは坪井の死が学界に与えた影響には触れないが、これにより、かつて一世を風靡（ふうび）したコロボックル説は完全に消え去り、日本列島における石器時代住民はアイヌだという了解が一般的になった。

先に述べたように、明治期の人類学・考古学においては、土器や石器、貝塚などを残したとされる先住民族に比べ、日本人の起源は踏み込んだ考察対象とはなっていなかった。だが、坪井が亡くなり、アイヌ説がほぼ定説とみなされるようになった大正期初め、人種交替モデルにもとづく本格的な日本人起源論が登場する。固有日本人（Japanese proper）説と呼ばれるその理論を提唱したのが、かつて千島調査によってコロボックル説に引導を渡す形となった鳥居龍蔵その人であった。

図2-1　鳥居龍蔵

ここで改めて鳥居龍蔵の履歴を確認しよう（図2-1）。

一八七〇年に四国・徳島市の裕福な煙草問屋の次男として生まれた鳥居は、早くに学校教育を放棄し、独学でさまざまな学問を学んでいたが、次第に人類学・考古学への関心を深めていく。その後、坪井正五郎の知遇を得て二〇歳で上京し、東大人類学教室の標本整理係として採用された。人類学の啓蒙活動などに忙しい坪井に代わって国内外で精力的にフィールドワークをおこない、助手、講師を経て、坪井死去後の一九二二年には助教授に就任、正式に人類学教室の二代目の責任者となった。

だが、鳥居は、人類学教室最初の選科生であった松村瞭（当時、講師）の博士論文審査をめぐる学内での軋轢（あつれき）などから、一九二四年六月に東大を辞職してしまう。その後、國學院大學（二三年より）、上智大学、ハーバード燕京（イエンチン）研究所（北京）の教授を歴任。日本敗戦後の一九五一年暮れ、中国から帰国し、五三年に死去した（中薗英助『鳥居龍蔵伝』）。

一方、鳥居辞職後の東大人類学教室では、一九二五年、生体人類学を専門とする松村が鳥居のあとを継いで助教授に就任し、これ以降、教室からは坪井以来の総合人類学の学風は急速に失われていくことになる。松村については第5章で触れよう。

なお、鳥居の学外の活動として見逃せないのが、一九一六年の武蔵野会（現・武蔵野文化協会）の創設である。武蔵野会は在野の地域史研究団体の草分けといわれるが、大正期末には会員が八〇〇名を超え、会長をつとめた鳥居自身、東大辞職後はこの会での一般市民向けの活動も重視していた（徳島県立鳥居龍蔵記念館・鳥居龍蔵を語る会編『鳥居龍蔵の学問と世界』）。

後述する山内清男、八幡（やはた）一郎、杉原荘介など、少年時代に鳥居の指導を受け、その後、考古学の道に進んだ者も多い。

固有日本人説と人種交替モデル

では、鳥居龍蔵の固有日本人説とはいかなるものか。ここでは、彼の代表作『有史以前の日本』（一九一八）にも収録された「古代の日本民族」（一九一六）を中心に検討しよう。まずは論考の題名で、日本人種ではなく、日本民族という言葉が使われるようになっていることに注意したい。

なお、『有史以前の日本』という書名は、一九一七年夏、鳥居が実施した近畿地方での調査時に大阪でおこなった講演からとられている。この調査を後援した大阪毎日新聞社社長の本山彦一は、鳥居だけでなく、次章で述べる濱田耕作の遺跡発掘（国府、津雲）なども後援している。本山は実業のかたわら、自ら遺跡発掘をおこなうアマチュア好古家としても知られていた（米田文孝・井上主税・山口卓也「大阪毎日新聞社長　本山彦一」）。

さて、鳥居の日本人起源論でまず注目されるのは、日本列島の先住民族はアイヌであったと自信をもって断言していることだ。かつて師である坪井に遠慮して、小金井のアイヌ説支持を明言しなかった鳥居だが、もはやコロボックル説は一顧だにされていない。

まず最古有史以前の当時において、日本はもちろん無人島であったに相違ない。そうしてこの無人島に、最も早く来住した所のものはアイヌであった。今日西は沖縄九州の果から、北は青森、北海道に至る地域において、少からざる石器時代の遺跡および遺物を留めているのは、すなわちこのアイヌであって、当時彼らの地理学分布は、ほとんど旧日本の地域以上にもわたっていたようであるが、そのここに至るまでの間には随分長い歳月を経過している事と思う。

鳥居によると、「今日アイヌの遺民族は、我が北海道および樺太の南部、ならびに千島等に残っているが、これらは後に入り込んで来た我々日本人の祖先のため駆逐されて、漸次(ぜんじ)そうなってしまった」。では、日本人の祖先はどこから来たのか。鳥居は、「アイヌを取除いた以外の古い日本民族を各種の事実の上からおよそ三つに分かちたい」という。三つとは、(一)固有日本人(二)インドネジアン(三)印度支那民族であり、これらの集団の混血によって日本人が成立したのだという。

まず、「固有日本人」は「日本民族の主要部を形(かたちづく)っているもので、その人数も多く、かつその分布の区域も比較的広く行きわたっている」ものであり、古代史のいう国津神(くにつかみ)、すなわち「天孫降臨前から日本に入り込んでいた民族」がそれにあたる。

そして、「弥生式土器」を残したのは国津神であり、彼らは朝鮮半島を経て日本に渡来したと考えられる。このように石器時代より一部の日本人の祖先が土着していたところへ、金属器使用の時代になって同族が北方から段々と渡来し、この後来民族のことは「『古事記』『日本紀［日本書紀］』等にも現れている所の事実」にあたると鳥居はいう。

続くインドネジアンとは、「極めて原始的の馬来で文化の程度低く」、主としてスマトラ、ボルネオ、セレベス、フィリピン、台湾などに居住する民族を指す。インドネジアンが途中幾多の民族と混血をおこないながら、日本列島に到達し、その結果として、日本人の血液のなかには彼らの血が混じっていると考えられる。

さらに鳥居は、銅鐸を残した人びとに着目し、銅鐸は揚子江の南から出る銅鼓と関係があるのではないかと推測する。すなわち、「南支那に古くより在住する苗族［ミャオ族］系統の印度民族」（印度支那民族）が銅鐸を日本にもたらしたのであり、日本人のなかにこの民族の血が少し含まれているのではないかという。

そして、日本列島に渡来した諸民族の中核となる「固有日本人」の中心には皇室が置かれることになる。鳥居はいう。

要するに日本人は単純なる民族ではなく、以上の複雑せる数種族が島帝国を集成してい

> るのである。ただ独りこの間に帝室のみは連綿として同一系統を続けて来ておらるるのであって、これは実に世界に類のない事である。而してかく帝室を中心として、雑種民族が日本を組織している結果は、今日種々の特色ある思想を交えたる面白い国柄を為しているのである。

ここで見逃せないのは、鳥居の固有日本人説では、日本人の祖先の渡来時期が石器時代まで早められていることである。鳥居によれば、日本列島には、「アイヌの石器時代」と「吾人［われわれ］の祖先の石器時代」が存在する。先に述べたように、二〇世紀初頭には縄文土器と弥生土器が年代の違いをもつことも明らかになっていた。鳥居は、こうした明治期以来の研究蓄積にもとづいて、アイヌが縄文土器（彼の呼称によれば「アイヌ派土器」）を残したのに対し、弥生土器（「弥生式土器」）を残したのは日本人の祖先だという、人種交替モデルにもとづく新たな見方を提示したのである。

しかもまた、鳥居の日本人起源論の背後には、世紀転換期における帝国の領土拡大が存在する。一八九〇年代以降、遼東半島占領（一八九五年、三国干渉でその後返還）、台湾領有（同年）、さらに韓国の保護国化と併合（一九〇五・一〇年）が進められたが、この時期、鳥居は、これらの新占領地域で次々とフィールドワークをおこなっていた。鳥居は日本人類学における空前絶後のフィールドワーカーと呼ばれるが、彼によれば、従来の学者の研究法が「日本内地主義——月並式であった」のに対して、こうした海外調査の経験にもとづいて「従来得た——否なこれから得んとする日本島周囲の智識で、我が日本内地と比較せん」としたのである（鳥居『有史以前の日本』）。

なお、鳥居は一九二〇年に発表した「武蔵野の有史以前」という論考で、縄文土器（「アイヌ派土器」）を大きく「薄手式」「厚手式」「出奥式」の三種類に分類し、これらの土器の差異も、アイヌの「部族」の違いによって解釈している。しかも興味深いことに、「薄手式派」は「ワダヅミ」（海神）、「厚手派」は「ヤマヅミ」（山神）に相当するという。ここにも記紀神話に依拠しつつ、土器の違いを集団の違いで解釈する姿勢がみてとれる。

以上ここまで本章では、大正期以降、日本民族という用語が広がるとともに、人種交替モデルにもとづく鳥居龍蔵の本格的な日本人起源論が現れる状況について確認した。

実際、鳥居の日本人起源論は、大きな反響を得ることになった。『有史以前の日本』は、わずか二年半で九版を数える大ベストセラーとなり、鳥居自身、増補改訂版（一九二五）に収められた論考（「現今に於ける吾人祖先有史以前の研究に就て」）のなかで「今日になっては何人といえども、私の説を疑う人はない」と豪語している。また、分量が倍となった増補改訂版も一九二七年までに四版を重ねた。

では、鳥居の固有日本人説は本当に定説となったのか。だが、実は鳥居説の登場直後から、アイヌ説＝人種交替モデルへの批判もまた始まろうとしていたのである。

第3章　人種交替モデルを越えて

この時代、大正五、六年頃は、日本の人類学、考古学界における転換期に当っていて、大学の増設、講座の充実も行われ、多くの新進学徒が各地に頭角を現しつつあった。京大考古学教室を中心とする浜田〔ママ〕博士は、着実な考古学的調査を進められ、京大医学部の清野博士、仙台東北大の長谷部博士、松本博士等も石器時代の研究に着手されつつあった。かくて、旧来のアイヌ説は批判を受け、また縄紋式以来住民の血も文化も後代に続いているという新しい考説が現れるに至った。

（山内清男「鳥居博士と日本石器時代研究」一九五三）

人類学・考古学の新潮流

冒頭に掲げたのは、東大理学部の人類学教室で選科生として人類学・考古学を学び、一九三〇年代以降の縄文研究をリードした山内清男が、自らの若い頃の人類学・考古学界について回想した文章の一節である。

前章でみたように、一九一三年に坪井正五郎が亡くなったあと、人類学教室を率いるようになった鳥居龍蔵が固有日本人説を唱えていた。それまでに蓄積された考古学上の知見や鳥居自身の海外調査にもとづいた彼の日本人起源論は一躍有名になり、アイヌ説＝人種交替モデルは安泰であるかにみえた。

だが一方で、鳥居説の登場直後から新世代の人類学者、考古学者がアイヌ説に対する挑戦を始めることになる。すなわち、山内の回想に登場する濱田耕作、清野謙次（きよのけんじ）、長谷部言人（はせべことんど）、松本彦七郎はみな一八八〇年代生まれ、坪井正五郎と小金井良精を第一世代、鳥居龍蔵を第二世代とすれば、それに続く第三世代の研究者である。

坪井は留学時に膨大な欧文書を購入したといわれ、海外の研究動向に通じていたことは確かだが、第1章でみたように、彼の学問は啓蒙的な性格が強かった。坪井のあとを継いだ鳥居は、フランス学士院から勲章を贈られるなど、国際的な研究者としても知られたものの、彼自身の学問は坪井と同様、総合人類学的志向が強かった。

それに対し、濱田と松本は遺物の編年研究を日本の土器研究にもちこんだ先駆者、長谷部と清野は人骨などの計測を専門とする人類学者であり、いずれも坪井や鳥居のもとで学んだ研究者ではない。彼らはそれぞれ、坪井や鳥居とは異なる手法で石器時代にアプローチすることで、明治期以来のアイヌ説＝人種交替モデルを乗り越えようとしたのである。そこで、本章では一九一〇年代後半から二〇年代末にかけて登場した日本人類学・考古学における新たな潮流とその背景について考えていくことにしよう。

濱田耕作と京大考古学教室の誕生

草創期以来、人類学・考古学の研究拠点として、東大の人類学教室と帝室博物館の二つがあったが、一九一六年、京大に新たな考古学の拠点が創設された。濱田耕作が主宰する文学部の考古学講座（教室）である。それまで石器時代（縄文・弥生）に関する考古学研究は、理学部人類学教室で人類学の一環として進められていたが、ここに初めて考古学を専門とする研究室が誕生したのである。

一八八一年、大阪府岸和田に生まれた濱田耕作は、東京帝大文科大学史学科で美術史を学んだ。学生時代に人類学会に入会し、『人類学雑誌』に坪井のコロボックル説批判の論考も発表している。その後、大学院に進み、早稲田中学の教員を経て、一九〇九年に京都帝大文科大学（一九〇六年創設、一九年より文学部）講師。一九一三年からヨーロッパに留学し、イギリス（ロンドン大学）の考古学者ペトリー（ピートリー、Sir William Matthew Petrie）らに最新の考古学方法論を学んでいる。

一九一六年、帰国とともに京大に考古学講座（教室）を開き、翌年、教授に就任。おもな業績に、考古学概論の古典として今でも高く評価される『通論考古学』（一九二二）や東亜考古学会の創設（一九二五年）、中国や朝鮮半島での発掘調査などがある。一九三七年に京大総長となるが、翌年、在職のまま急死した（図3-1）。

濱田が率いる考古学教室は文学部史学科五専攻のひとつであり、京大の史学科は、先行する東大の政治史と一線を画する文化史研究に重点を置いていた。戦前の京大文学部といえば西田幾多郎らを擁する哲学科が有名だが、考古学教室は、研究者のみならず、新聞記者、芸術家、編集者が出入りして談義に花を咲かせる自由闊達な雰囲気で知られ、カフェ・アーケオロジーなどと呼ばれた（角田文衛編『考古学京都学派（増補）』、菊地暁「民俗学者・水野清一」）。

また、教室開設後、濱田は最新の考古学方法論にもとづく組織的な発掘調査を日本各地で実施し、報告書を刊行していく。ペトリーから学んだ発掘報告書の継続的な発行は日本初の試みであり、このシリーズは濱田死去後の一九四三年まで計一六冊を数えた。石器時代の遺跡に関する報告書では、長谷部言人、清野謙次らが人骨の調査を担当している。

発足当初の考古学教室は、助手の島田貞彦（のち関東庁博物館に転出）、嘱託の梅原末治の三人体制であり、濱田の死後、梅原が後継者となった。梅原は中国考古学などで国際的に知られた研究者だが、彼の時代になると、教室の自由な雰囲気は完全に失われたという。一九三〇年代以降の弥生研究で重要な役割を果たす小林行雄（第4章）も三五年に助手となり、その後、長く梅原のもとで助手、講師をつとめた。

ここで濱田が留学した当時、西欧の考古学で急速に整備が進んでいた編年研究について簡単に解説をくわえておこう。

図3-1　濱田耕作

遺物や遺跡の先後関係や年代を決定する編年（chronology）は考古学の基礎となる方法論だが、その嚆矢となったのが一九世紀前半、トムセン（デンマーク）の三時代法（三時代区分法）である。トムセンは、彼がつとめるコペンハーゲン博物館の展示品を刃物の材質をもとに分類し、石器・青銅器・鉄器という有名な時代区分を提唱した。

この編年研究を発展させ、型式学的研究法（Typological Method）を確立したのが、スウェーデンの考古学者モンテリウス（Oscar Montelius）であった。モンテリウスは、考古学的遺物が生物進化のように時間とともに形態を変えていくことに着目し、遺物の緻密な観察と層位の確認によって、一八八〇年代にはヨーロッパの新石器・青銅器・鉄器時代をさらに細かく区分することに成功する。モンテリウスの方法論は急速に考古学者に受け入れられ、その後の先史考古学の基礎となった。

濱田が学んだペトリーは、エジプトやパレスティナにおける発掘調査で大きな業績をあげ、イギリスのエジプト考古学の創始者のひとりに数えられる。ペトリーの編年研究上の貢献としてSD法（Sequence Dating）を提唱したことなどが知られるが、先述した濱田の『通論考古学』は、彼とモンテリウスの方法論を基礎としている（広瀬繁明「日本考古学の主導者」）。

土器の違いは人種の違いか

一九一六年に京大考古学教室は組織的な遺跡発掘を開始し、その二回目の調査地に選ばれたのが大阪の国府遺跡（藤井寺市）であった。国府遺跡は近畿地方で最初に発見された石器時代の遺跡として知られ、濱田自身や第2章で触れた本山彦一を含め、それまで何度か簡単な現地調査がおこなわれていた。

だが、一九一六年暮れ、現地で巨大な獣骨と大型粗製の石器が発見されたとの報を受け、濱田は急遽発掘を計画する。石器のなかにヨーロッパの旧石器と似た型式のものがあり、それを確かめる目的もあったという。

翌一七年六月に実施された発掘調査の際には、石器や土器のほか、三体の人骨も発見されたが、ここでは土器の問題にしぼって検討しよう。発掘報告書（一九一八）に掲載された濱田の論考（「河内国府石器時代遺跡発掘報告」）には、明治期以来の人種交替モデルを脱する新たな土器解釈の萌芽がみてとれる。

まず濱田は、土器の研究が考古学の基礎であり、「人種の異同、文化の変遷、時代の先後等に関する考定」においてもっとも重要だが、未解明なことが多く、「材料の整理集成」も不十分な状態にあるという。このあと、「日本人種問題」と密接にかかわる「土器の系統性質」に関する仮説が述べられていく。

国府遺跡では縄文土器と弥生土器が同一の層位から出土したが、濱田は、両者を人種の違いによって説明する従来の見方を次のように批判する。「縄紋的土器」と「弥生式土器」はまったく別種のものとして論じられ、学者の大半が各土器を「異人種の所産」という前提で考えてきた。両者が「併出併存」した場合、二つの民族の雑居や、もう一方の民族からの輸入などによって説明し、上下の層から発見された場合は「人種の入れ替り」があると説明してきた（ここでも、第2章で述べた民族という用語を見出せることに注意しよう）。

だが、同一地点に居住する人種が短期間に交替したり、雑居したと考えるのには無理があり、同一民族が時代により土器の製作上に変化を生じ、別種の土器を製作するようになったと考えるのがもっとも自然な解釈である。

しかも、同一の人種が長い時代に自発的あるいは他からの影響によって別種の土器を製作したと考えられる事例はエジプト、クレタ島など枚挙にいとまがない。これらの各土器間の差異は、縄文土器と弥生土器より大きいにもかかわらず、西欧の研究者はこれを異人種によるものだと述べてはいない。したがって、少なくとも「関西九州諸地方において弥生式土器と縄紋的土器とはかくの如く同一民族の所産にかかわり、主として時代によりてその意匠形式に変化を生ぜるもの」と考えるべきなのである。

こうした濱田の見解は、考古学史上では、人種の問題と遺物の変化の問題を切り離し、考古学を明治期以来の人種論争の泥沼から切り離す役割を担ったと評されている。ただし、以下にみるように、濱田の議論にはこれと相反するような見解もあり、不徹底なものであることも確かである。

濱田耕作の原日本人説

この報告で濱田は、「原始縄紋土器」「国府遺跡から発掘された種類の縄文土器」から「弥生式土器」と「アイヌ縄紋土器」へと（「弥生式土器」からさらに「斎瓮土器」へ）分岐したとする「日本発見土器手法変遷仮想表」を示している（図3－2）。

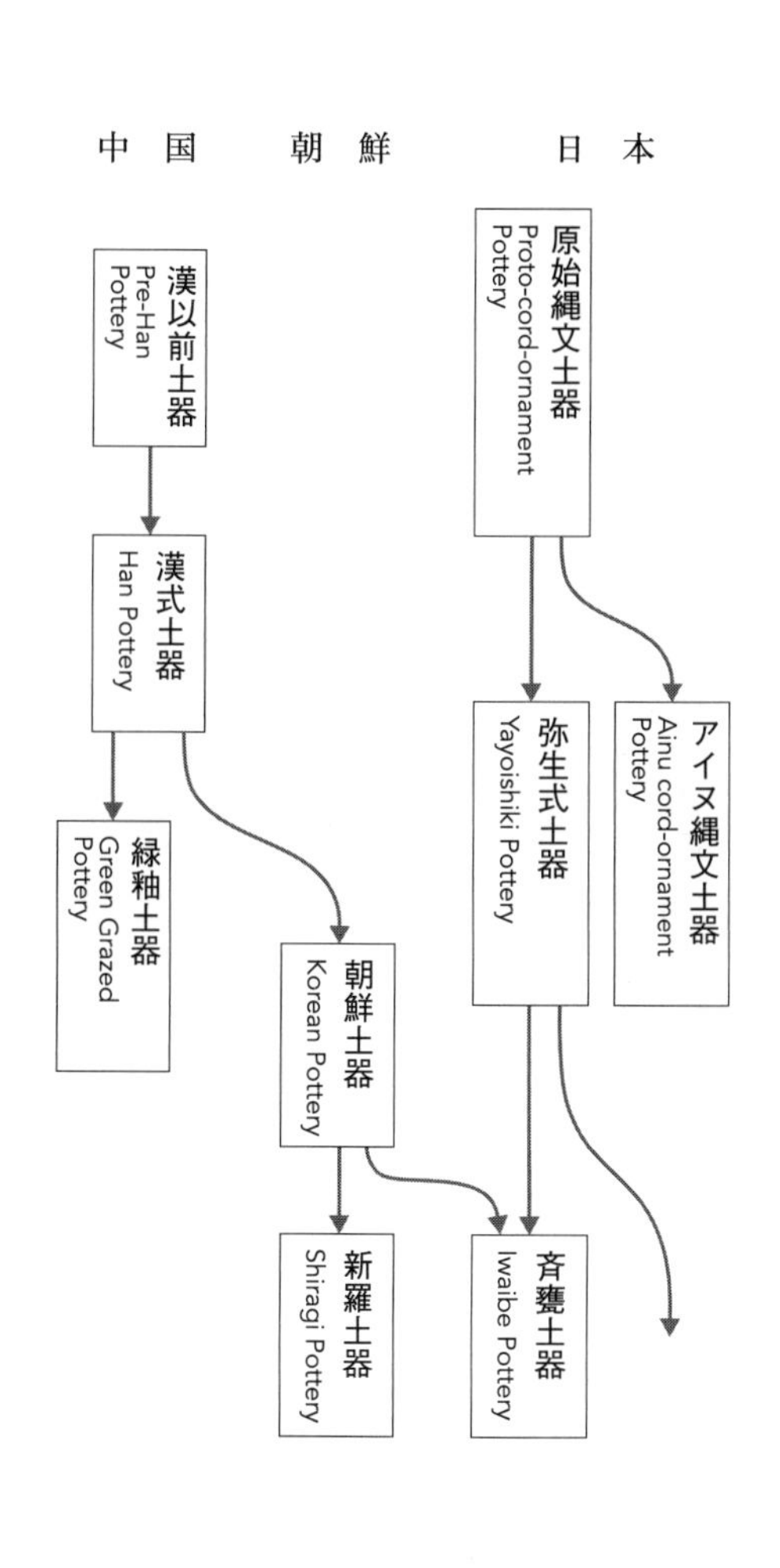

図3-2　日本発見土器手法変遷仮想表

では、「原始縄紋土器」を残したのはアイヌなのか、あるいはのちに「弥生式土器」を作った人種なのか、それとも両者とも別の人種から得たものなのか。これは、非常に難しい問題だと濱田はいう。また、この「原始縄紋土器」がどのようにして「弥生式土器」に変化したのか、それは自発的なものか、それとも他の刺激に起因するのかを推測することも難しい。だが、「想像を以てすれば、この弥生式土器を作れる民族は鳥居君のいわゆる「固有日本人」もしくは「原日本人」(Proto-Japanese)と称すべきもの」だろうと、限定的ながら鳥居説への賛同を表明する。

さらに濱田は、考古学の立場からの「人種説」を次のように説明する。

余輩の如く原始縄紋土器の存在を立して、アイヌ縄紋土器も、弥生式土器も共にこの種のものより派出せりとする者といえども、已成(いせい)のアイヌ土器と原日本人の弥生式土器との間における距離は、これをむしろ人種的差異に本づくものなりと思惟するに躊躇せざるなり。これに加えて、原日本人の日本島に分布せる時代をより古く認めんと欲する余輩は、彼らがアイヌと同じく、また石器時代の文化状態に在りしものなりと信ずるを以て、この弥生式土器の石器発見遺跡を以て、アイヌ系以外の「原日本人」の所産となさざるを得ず、この点においては余輩は全く鳥居龍蔵君らとその見を同じくするものにし

（濱田「河内国府石器時代遺跡発掘報告」）

て……。

少々わかりにくい議論なので補足しよう。先述のとおり、彼は「原始縄紋土器」から「弥生式土器」と「アイヌ縄紋土器」が「派出」したとみなすが、「アイヌ縄紋土器」と「弥生式土器」の違いは「人種的差異」によるものだと認める。しかも、「弥生式土器」を残した人種を「原日本人」と考える点では鳥居龍蔵と同意見である。だが、鳥居以上に「原日本人」の日本列島における居住を古い時代と考える濱田は、「原始縄紋土器」もまた「原日本人」によって作られたと推測するわけである。

そして、ここで注意したいのが濱田の記紀に対するスタンスである。彼は記紀を用いて先史時代の研究を進めることには批判的であり、たとえば「遺物遺跡と民族」（一九一九）で「歴史以前、もしくは文献の価値少なき原史時代の研究に際して、予め従来の歴史家が、後世の編纂物あるいは伝説等から研究した結果を、先入主としてこれに囚われることは、最も避くべきことである」と述べている。

もとより、モンテリウスをはじめとする最新の考古学理論を学んだ濱田が、記紀を含む文献資料の利用に対して否定的な評価を下すのは当然のことだった。『通論考古学』（一九二〇）によれば、「考古学者が型式学的、層位学的研究の道程に、文献の援助を仰ぐことは、この方法を徹底的に完成する所以にあらず、考古学的資料を文献の奴隷注脚たらしむるのみにして、吾人の取らざる所」なのである。

したがって、日本における「過去人類の物質的遺物（により人類の過去）を研究するの学」（『通論考古学』）としての考古学の確立を目指した濱田にとって、記紀に依拠しながら、縄文土器から弥生土器への移行を人種交替によって説明する鳥居の固有日本人論は、簡単に受け入れられるようなものではなかった。だが、先住民族＝アイヌ説がほぼ定説とみなされ、しかも、当時、彼自身が有する材料は国府遺跡の土器に限られていた。こうした状況下、明治期以来のアイヌ説＝人種交替モデルに疑問を感じる一方、鳥居説を完全に否定することは困難だったと考えられる。

しかし、濱田耕作はこれ以降も、土器型式の差異を人種の違いによって解釈する、従来の人種交替モデルに対する批判を続け、次第に鳥居説の影響圏から脱していく。

先の濱田の報告に対しては、明治期以来、歴史学の立場からアイヌ説にもとづく古代史を構想してきた京大文学部講師の喜田貞吉（その後、京大教授、東北大講師などを歴任、第4章）――喜田は鳥居と同様、縄文土器を残したのはアイヌで、弥生土器を残したのが日本人の祖先だと主張していた――などからの批判もあった。ふたりの論争は省くが、濱田は、その後国府遺跡で実施した二回目の発掘調査の報告書（一九二〇）で、喜田に対して、縄文土器が下層にあり弥生土器が上層に多いという「層位的事実」を「人種的差異を以てするの解釈を加ること、従来学者の好んで為す所」だが、これに「人種的差異を認むるの全く無用（不可能にあらず）の解釈なるを確信す」と反論をおこなっている（濱田・辰馬悦蔵「河内国府石器時代遺跡第二回発掘報告」）。

そして、濱田の人種交替モデル批判の到達点と考えられるのが、六冊目の発掘報告書に収められた「薩摩国揖宿郡指宿村土器包含層調査報告」（一九二一）である。そのなかで彼は次のように述べている。

> 私は人種の実質の時々刻々変遷しつつあることを一方に認めると共に、他方においては前住人民の血液の長く後住人民間に遺存することを高唱したい。私は現代日本民族の大本を作った「原日本人」は日本国土においてその新石器時代を経過したものであり、弥生式土器を伴出する石器時代の遺跡はその後期のものであり、貝塚式土器［縄文土器］を伴出するものは、その前期のものであることを信ずる。

濱田の日本人起源論は原日本人説と呼ばれるが、ここまでみてきた彼の語りからは、日本各地での発掘調査を通じて、土器の差異を人種の違いによって説明する人種交替モデルへの疑問が確信へと変わっていった過程がうかがえるだろう。

ただし、もともとの専攻が美術史であったことからもわかるとおり、濱田の主要関心が日本人種論にあったとはいいがたい。また、京大の同僚・友人である清野謙次が一九二〇年代から日本人起源論の研究を本格的に開始したため、その後、この分野の研究は清野にまかせられることになった。

石器時代住民は先住民族か

濱田耕作が京大で組織的な遺跡発掘を始めた頃、人類学の立場からアイヌ説＝人種交替モデル批判を開始したのが東北大の長谷部言人である（図3-3）。

長谷部は一八八二年、東京麴町に生まれた。東大医学部で小金井良精に学び、卒業後の一九〇七年、京大医学部の足立文太郎（小金井良精の教え子、友人）のもとで助手となる。京大助教授、新潟医専教授などを経て、一六年から東北大医学部につとめ、二〇年に教授となった。

その後、東大の松村瞭が一九三六年に急死したのを受け、三八年に人類学教室の主任教授に就任する。長谷部が東大に異動後の三九年、人類学教室は学科に昇格し、正規の学生を募集できるようになった。四三年に東大を退官したのちも長きにわたり人類学会の会長をつとめ、日本の人類学・考古学界に君臨した。一九六九年、死去。

先に述べたとおり、長谷部は京大の国府遺跡（第二回）や出水貝塚の発掘調査で人骨調査を担当している。また、冒頭に回想を引いた山内清男は人類学選科修了後、一九二四年から東北大の長谷部のもとで副手となった。東北大時代には医学部長もつとめ、東大で人類学科創設を実現するなどリーダーシップに優れる一方、典型的な専制君主型の研究者だったようであり、長谷部の横暴ぶりを伝えるエピソードも数多い。

さて、長谷部は東北大時代から人種交替モデル批判を開始するが、その嚆矢となった論考が『人類学雑誌』に発表した「石器時代住民論我観」（一九一七）である。

図3-3　長谷部言人

長谷部によれば、石器時代の住民を先住民族だと決めつけるのは早計であり、彼らが日本人と系統を異にすることを明らかにせずに先住民などと呼ぶことはできず、ただ石器時代住民と呼ぶのが正しい。そして、日本人は少なくとも二つの系統に分けられるという、生体計測データにもとづく考えを述べる。長谷部によると、日本人は「二型」（あるいはそれ以上）から構成されるが、日本人に地方差がみられる、すなわち「二型」の比率が地方によって異なるのは、混血が今なお進行中だからだという。

続いて長谷部は、記紀などの古典を参考資料として尊重するのはよいが、それらは「史実の片影を捉え得る以上はなはだ信頼するに足るべくもあらず」という。また、従来から使われている天孫族という名称は廃する方がよいが、便宜上使用するとしても、天孫族が日本人を構成する祖系のなかで、量においても質においても主要だと解釈するのはおかしいと疑問視する。

ここで長谷部は、比喩として日本人を「割シタ」にみたてた説明をおこなっている。日本人が「割シタ」であるとすれば、醤油（「シタジ」）に「多量の鰹節煮汁」「少量の味醂」をくわえて初めて「割シタ」は組成される。つまり、天孫族は「シタジ」ではなく、おそらく「味醂」であり、「天孫族を狭義の日本人あるいは本来無垢の日本人の如く考えたるも、実は日本人と称すべきにあらず。少くとも普通の意味にては、日本人にあらざる」というべきなのである。以上の主張は、皇室を日本人の中心に置く鳥居の固有日本人説を批判対象としたものであり、「固有日本人」という名称が不可なのは「割シタ」の例から明らかだと長谷部は述べている。

さらに、一九一九年に『歴史と地理』に発表した「石器時代住民と現代日本人」になると、従来の定説に対する彼の立場はより明確となる。

長谷部は、それまでに蓄積された石器時代の人骨（国府遺跡、津雲遺跡など）や、松村瞭が実施した現代日本人の地方差などに関するデータにもとづき、結局のところ「石器時代人民は日本人であるともないとも、アイノであるとも言えない」という。つまり、石器時代住民を「かれら」（先住民族＝アイヌ）と断定する根拠はなく、石器時代の人骨を残したのが、「われわれ」＝日本人の直接の先祖である可能性を真剣に考えねばならない。

かくして、先の論文よりも自信をもって日本人の起源が石器時代まで繰り上げられる可能性が語られ、日本列島の人類史においてアイヌの果たした役割は限りなく小さく見積もられる。

元来石器時代研究の興った初めには日本人祖先の遺跡でないという考から発足して来たのに、中頃そのあるものは日本人祖先のだという説が出現したのである。……時運はしかし石器時代住民と日本人とを思いのままに比較研究する方に向いて来た。人骨ばかりでなく遺物の方でも同様でなければならぬ。小生は石器時代と聞たら、アイノやその他を連想する前、まず日本人、その種々な体型を有する祖先達を連想するが順当であることを高唱したいと思う。

本書でここまでみてきたとおり、明治期には石器時代の遺物遺跡はすべて先住民族（アイヌまたはコロボックル）のものと考えられていた（第1章）。その後、鳥居龍蔵は、弥生土器を残したのが「固有日本人」であり、日本列島には「アイヌの石器時代」と「吾人［日本人］の祖先の石器時代」があると主張していた（第2章）。だが、長谷部によれば、「時運」は石器時代住民と日本人を「比較研究」する方向に向いており、石器時代といえばアイヌよりも日本人の祖先をまず連想すべきなのである。

ただし、この時点での長谷部の主張は、あくまで「石器時代人民は日本人であるともないとも、アイノであるとも言えない」という段階にとどまっている。その後、長谷部の主要関心は、ミクロネシア住民の生体計測などに向かい（坂野『〈島〉の科学者』）、彼自身の日本人起源論が明確な姿を現すのは、東大人類学教室に赴任後のこととなる。人類学史上、長谷部の変形説は、清野謙次の混血説と並んで、戦中から戦後における日本人起源論の二大学説と呼ばれる。これについてはあとで述べよう。

土器編年と「第三人種」

松本彦七郎は一八八七年、栃木県に生まれ、東大理学部動物学科、同大学院で学んだ。同助手を経て、一九一四年に東北大理学部地質学古生物学教室に赴任し、講師、助教授。英米仏への留学をはさんで、二二年に教授となった。本来の専門である動物学・古生物学の業績として、クモヒトデ類の分類やアケボノゾウの同定などが有名であり、前者で帝国学士院賞も受賞している。一方、一九一〇年代後半から人類学・考古学の研究を始め、遺跡の層位学的発掘と土器の編年研究、さらに独自な日本人起源論で知られる（図3-4）。

だが、一九三三年、松本は大学当局より精神疾患を理由に強制休職処分となり、三五年に休職満期で退官となった。天才肌だが、少々協調性に欠ける人物だったようであり、一九三〇年頃には、日本が現生人類とその文化の発祥地域の中枢にあり、「古人類学上の聖地」だという奇矯な説も唱えている（松本「続古人類学閑話」）。ただし、休職処分の背景には、日本列島における氷河の存否などをめぐる教室の主任教授（矢部長克）との軋轢があったことも指摘されている（松本子良『理性と狂気の狭間で』）。退職後は高校教員などをつとめ、戦後の一九五五年に新設の福島県立医大の生物学教授としてアカデミズムに復帰。七五年、死去した。

図3-4　**松本彦七郎**

ともあれ、ここでは主として一九一〇年代後半に積み重ねられた松本の縄文研究上の業績と日本人起源論をみてみよう。

本来の専門である動物学・古生物学の立場から、松本が人類進化の問題に関心をもっても不思議ではないが、人類学・考古学への接近は基本的に独学である。そうした彼が日本国内で発見される古人骨や考古学的遺物の研究を開始するひとつのきっかけは、一九一六年夏、岡山県の津雲貝塚を訪れた際、現地で発掘された古人骨を地主から寄贈されたことにあったようである（松本「津雲介塚先住民の第一印象」）。

松本が残した論文を時代順にながめると、当初は古生物学者として、古人骨に関する研究を目指していたが、岩手県の獺沢(うそざわ)貝塚など、東北地方で自ら発掘調査を始めた一九一七年頃から、土器や石器の型式の時代的変化に注目し出した様子がうかがえる。大村裕がいうとおり、東北各地で発掘調査を進めるなかで、古生物学の層位学的方法を考古学に応用し、土器型式の編年をつくるというアイデアも生まれたのだろう（大村『日本先史考古学史講義』）。

そして、こうした調査過程で、土器型式の差異を人種やグループの違いによって説明する、従来の人種交替モデルへの疑問も生まれてきたようである。たとえば、「予の新石器時代観」（一九一七）では、東北各地の遺跡で発掘した土器や石器に時代的差異があることがうかがえるとしたうえで、この差異を「同時代の種族または部落的差異に帰する」解釈を否定し、「時代的差異」を考えるべきだと述べている。

松本自身は考古学の訓練を受けていないこともあり、彼が発表した縄文土器の編年についてはさまざまな不備が指摘されている。また、彼がモンテリウスなどの方法論をどの程度ふまえていたかも不明だが、次章でみるように、縄文土器の細かい編年を作成する構想は山内清男らに受け継がれていく。

一方、松本の日本人起源論は学史上、汎アイヌ説などと呼ばれるが、その出発点は、貝塚などから発掘される人骨の正体について、従来の人類学者がアイヌか日本人かという二分法で論じていることに対する疑問である。

松本が一九一八年に発表した「日本石器時代人類に就て」によれば、「古人類を日本人で無いといえば直にアイヌであると結論したり、アイヌで無いと証明すれば自ら日本人と結論したりするような論法があるように見受けられるが、予などにはどうしてそうなるか了解し難い所」だといわざるをえない。この論考では濱田による土器の系統に関する仮説も参照されており、彼の主張には濱田耕作や長谷部言人の議論も影響していると思われる。

では、アイヌの起源はどう考えるべきなのか。松本によれば、アイヌは近くに類縁性のありそうな人種がみあたらない「孤立の人種」であって、そうしたアイヌが孤立した状態で現代まで保存されてきたとすれば不思議である。そこで彼は、かつてアイヌの周辺には近縁の人種が存在したと推測し、これを第三人種と名付ける。松本は次のようにいう。

アイヌと本来の日本人との間には第三人種の障壁があって、日本人はこの第三人種を同化し吸収し置換するに暇取りしため［ママ］アイヌとの直接々触は遅れたのであり、アイヌはそのために今日までアイヌとして保存されたものである。この第三人種はアイヌと親縁のある人種であり、アイヌの今日における孤立的分布より生物学上予期される如くに復旧されるべき人種連鎖の一環に該当するものである。

仮に歴史上の種族名を挙ぐれば、この第三人種の残物は土蜘蛛（つちぐも）であってよく、長髄彦（ながすねひこ）の率いた種族であってよく、国樔（くず）であってよく、蝦夷（えみし）であってよい。

つまり松本は、現代日本人の系統とアイヌのあいだに第三人種なるものの存在を仮定し、日本人によるこの第三人種の同化を想定することで、アイヌの人種的孤立性を説明しようとしたのである。

ただ、ここで見逃せないのは、松本が「土蜘蛛」「長髄彦」「国樔」「蝦夷」といった記紀に登場する集団や人物名を用いていることである。濱田や長谷部に比べ、松本には記紀への批判意識は希薄であり、たとえば「日本民族勢力圏」の北方への拡大とそれにともなう第三人種の同化という解釈との関連で、「日本の首府が高天原（たかまがはら）、高千穂、畿内地方、東京と準次に移り来た事も全然意味の無いものではないらしい」とも述べている。

アジア系とヨーロッパ系の「血液」

それでは、松本の日本人種論にあって、日本人の起源はどのように説明されるのか。先述したように、松本はアイヌと日本人のあいだに第三人種という存在を想定していたが、一九一九年に発表した「日本先史人類論」で、彼は「生物はまた人類は相類似せるものが連鎖を保って分布しているべきはず」だという判断のもと、アイヌと第三人種の連鎖全体に対して汎アイヌ人種群（Pan-Ainu）と命名する。松本によれば、汎アイヌは現代アイヌと「内地古人類」（＝第三人種）を含み、言い換えれば「極東に於ける欧州人種群」である。

したがって、日本民族は大きくヨーロッパ系である「汎アイヌ」とアジア系である「亜細亜人種群」の成分から構成され、それらをさらに細かく分解すれば、前者には（一）現代アイヌと（二）宮古人種（三）津雲人種（ともに古人類）、後者には（四）薩摩型（五）朝鮮人系（六）支那人系が含まれる。かくして、日本人（日本民族）の起源は次のように説明される。

第一は現代において日本民族化の途中にあるものである。第二は上古ないし中古において日本民族化されたものである。第三は原始時代ないし上古において日本民族化されたものである。第四はこれがもしも隼人(はやと)に該当するものであるならば上古において日本民族化されたものである。第五は原始時代において恐らく韓土および日本西国にまたがってほとんど日韓同邦的一団をなした民族であり、当時の日本国土に最優秀の文明をもたらし、しこうして遂に他の諸人種を同化するに至った民族である。第六は時折亡命し来たり移住し来たりして日本の文化に貢献した民族である。

日本民族の血管には亜細亜人種群の血液も流れていれば欧州人種群の血液も流れている。吾らは東西の文化文明を融和消化し得るの天資をうけた、はなはだ多望な民族である。

以上の松本の説明で目を引くのは、日本民族がアジア系、ヨーロッパ系両方の「血液」を引いているがゆえに、東西の文化文明を「融和消化」しえたという主張だろう。こうした発言には、アジアで唯一、西洋化に「成功」した日本への自信、自負を見出すことができる。おそらく、こうした松本なりのナショナリズムが、日本は現生人類と文化の起源の地だという主張へと発展していったのだろう。

次に注目されるのが、日本人の起源が「日本民族化」というプロセスによってとらえられている点である。松本によれば、日本人（日本民族）とは常に異なった「成分」を内に取り込む、つまりは絶えまない同化によって成長してきた存在なのである。ここでは立ち入らないが、現代アイヌを「日本民族化」の途上にあるととらえる彼の眼差しは、近代日本のアイヌ同化政策を前提にしたものでもある。

いずれにせよ、松本にあっては、もはやアイヌや石器時代の住民を「われわれ」と類縁をもたない異人種ととらえる必要はない。日本人のなかには、すでにアイヌの類縁人種である汎アイヌの血が流れており、現代アイヌもまた、今まさに「日本民族化」されようとしている。たとえ日本列島の最初の居住者がアイヌ系の「人種」（汎アイヌ）であるとしても、数々の石器や土器、人骨などを残した彼らもまた日本民族の一要素であり、現代の「われわれ」の祖先だということになる。

祖型としての「日本原人」

一八八五年、岡山市に生まれた清野謙次は、京大医学部を卒業後、ドイツに留学。フライブルグ大学で生体染色の研究をおこない、帰国後、母校の講師となった。一九二一年に微生物学教授、二八年から病理学教室の専任となる。したがってキャリアの上では病理学者であり、二二年には、留学時代に手がけた生体染色の研究で帝国学士院賞も受賞している（図3-5）。

図3-5　清野謙次

だが、清野は幼い頃から考古学に関心をもち、医学部に進学したのも、医学者である父親の反対にあったかららしい。生体染色の仕事が一段落した一九一九年に人骨の発掘・収集を開始し、その後、病理学教室の一室と自宅に若手研究者を集めて、清野人類学研究室を自称するようになった。清野が人類学研究に舵を切ったのは、当時流行していたスペイン・インフルエンザに罹患し、かろうじて死を免れたこと、また濱田耕作の誘いがあったからともいう。中学の先輩にあたる濱田とは親しい間柄であり、カフェ・アーケオロジーの常連でもあった（清野謙次先生記念論文集刊行会編『随筆・遺稿』）。

清野らが収集した人骨は、津雲貝塚で七四体、吉胡（よしご）貝塚（愛知県）で三〇七体、海外で発掘されたものを含めると最終的に一四〇〇体近くに達する。これは日本の人類学者のなかで突出しており、清野は「骨運」がよいとも評されるが、研究倫理上、問題がらみのものも多い。また、細菌戦研究や生体解剖などで悪名高い七三一部隊の石井四郎は病理学者時代の教え子であり、清野自身、七三一部隊の顧問もつとめ、多くの教え子を部隊に送り込んだ。

ちなみに、日本列島は酸性土壌のため、そもそも人骨が残りにくい。日本列島の先史時代人骨は基本的に洞窟や貝塚から発掘されたものであり、特に貝塚に葬られた人骨は貝殻のカルシウムによって中和されて残る可能性が高くなる。したがって、清野が集めた「石器時代人骨」の多くは縄文時代のものである。

しかしながら、幼少期からの収集癖が高じて、京都の寺院から無断で経典や古文書などをもちだしたことが発覚、一九三八年に逮捕され、翌年、京大を辞職する。濱田耕作の京大総長在任中の急死には、清野逮捕の心労も大きくかかわっていたといわれる。その後、上京し、戦時中は国策団体である太平洋協会で戦争遂行のための調査研究に従事した。戦後、茨城県厚生科学研究所所長、東京医科大教授をつとめ、五五年に死去。

そうした清野の日本人起源論が、計測データとともに初めて論じられたのが、一九二六年に発表された「津雲石器時代人はアイヌ人なりや」と「再び津雲貝塚石器時代人のアイヌ人に非らざる理由を論ず」の二論文（研究協力者である宮本博人との共著）である。ここでいう津雲石器時代人は、京大考古学教室の津雲貝塚調査の際に発掘された人骨である。

題名からわかるとおり、この論文で清野が批判の対象とするのは、長谷部らと同様、アイヌ説である。改めて確認すれば、アイヌ説では、石器時代の遺物遺跡を残した人種はアイヌの祖先であり、その後、大陸から渡来した集団が彼らに取って代わった。そうした後来の集団が現代日本人の祖先だということになる。

だが、清野によれば、両者のあいだには混血もおこなわれてきたと考えられるので、アイヌ説にしたがえば、アイヌと日本人の骨格の差異は時代をさかのぼるほど大きいという結果が得られるはずである。確かに、小金井良精がこうした観点から古人骨の研究をおこなっているが、それはごく少数の貝塚人骨の断片からの推論にすぎず、その意味でアイヌ説はいまだ証明されていない。さらに文化史上の所見から鳥居龍蔵のアイヌ説もあるが、あくまで「人種の決定には文化史上の変化は参考」であって、決定的な証拠とはならない（清野・宮本「津雲石器時代人はアイヌ人なりや」）。

かくして、これらの論文では、清野研究室が発掘した古人骨の計測結果の統計処理にもとづいた日本人起源論が述べられていく。細部は省略するが、簡単にまとめれば、現代日本人とアイヌ、津雲石器時代人の人骨を計測し、それら三つのグループの「距離」（類似性）をみるという方法が用いられている。清野らの論文は、統計処理にもとづいた論証ののち、以下のような結論でくくられる。

> 前論文「津雲貝塚〔ママ〕人はアイヌ人なりや」および本論文において余等は久しく日本の学界を支配して来た「日本石器時代人はアイヌ人なり」という学説が根本的に破壊せられ

たのを感ずる。

型差公式による計算からいっても日本石器時代人民たる津雲人はアイヌ人と縁が遠い。畿内日本人と北海道アイヌ人間の距離（類似）は北海道アイヌ人と津雲人との距離（類似）の約三分の二である、北陸日本人と北海道アイヌ人間の距離（類似）は北海道アイヌ人と津雲人間の距離（類似）の二分の一である。すなわち日本人を畿内人としても北陸人としても、日本人とアイヌ人間はアイヌ人と津雲人間よりもずっと似ている。津雲人は現代の両人種よりもずっと異なっている。この異なった人種をアイヌ人だというのは無法である。

余等は今日において推測する。日本石器時代人は現代日本に住居せる人種の土台を成す人種である、すなわちこの意味において日本原人である。現代アイヌ人も現代日本人もこの原人の進化したものと南北における隣接人種との混血によって成ったものである。

（清野・宮本「再び津雲貝塚石器時代人のアイヌ人に非らざる理由を論ず」）

アイヌ説が、日本石器時代人はアイヌの直接の先祖であり、その後、日本人の祖先が大陸から渡来したと考えるのに対し、清野は、現代日本人もアイヌも、日本石器時代人（「日本原人」）がそれぞれ「隣接人種」との混血が進んだ結果として成立したと主張するのである。

清野説が一般に混血説と呼ばれる所以である。

ただし、ここで注意しておきたいのは、日本石器時代人と現代日本人とのあいだに大きな違いがあり、両者はいわば別の「人種」だと清野が認めていることである。同年に発表した「日本石器時代人種に就きて」（一九二六）で彼は次のように述べている。


日本石器時代人民は少なくともアイヌ人と似ている位の程度において日本人とも似ているのである。しかも同時に津雲人は現存人種とよほどかけ離れた体質を持っている。これをアイヌ人といわず、また日本人といわずして単に石器時代人民と呼ぶのが至当である。もちろんこの日本石器時代人民は現代アイヌ人および現代日本人の出現に対する基本人種の一部である。


のちの時代になると、清野謙次はこうした石器時代人と現代日本人の区別自体を否定することになる。この問題については第6章以降で述べよう。

ここまでみてきたように、一九一〇年代後半から、新しい世代の研究者がアイヌ説に対する挑戦を試みてきた。清野の日本人種論は、そうした潮流のひとつの到達点だといってよい。

濱田や松本の研究は基本的に土器型式にもとづくものだったし、長谷部が依拠した人骨データは主として他の研究者によるものであり、しかも数もそれほど多くはなかった。だが、清野謙次は彼の主宰する研究室で収集した膨大な古人骨の計測にもとづいて、アイヌ説＝人種交替モデルの破綻を宣言したのである。

ここで検討した論考を含む清野謙次の一連の研究成果をまとめた著作『日本石器時代人研究』が一九二八年に刊行されるが、その序文で清野は次のように述べている。

科学者の重んずる所は事実を正視するにある。余の石器時代人種論に誤りがあるのならば、実在の材料によって科学的方法を用いてその誤謬を指摘して頂きたい。間接材料を使用して空想を組み立てる我邦の石器時代人種論には余は飽きてしまった。時勢は流れる、見よ科学の研究は一日一日と目ざましい勢で進んでいる。古い時代にはなかった研究材料は今日次ぎ次ぎに吾らが目前に山積しているではないか。陳腐なる伝統に捉わるるなかれ、真理の前に眼を開け。ここに昭和の新らしき進歩が生まれる、そしてここに学問の真正な発達がある。

従来の日本人種論を、記紀などの「間接材料」を用いた「空想」として退ける清野の言葉からは、大量の古人骨の計測にもとづいた彼の自信が読み取れるだろう。

清野説の衝撃

第2章で述べたように、一九二五年に鳥居龍蔵は「私の説を疑う人はいない」と豪語していた。濱田、長谷部、松本らによる批判がすでにおこなわれていたにもかかわらず、それだけアイヌ説＝人種交替モデルは強固だったわけだが、清野説の登場が少しずつ状況を変えていくことになった。もちろん、清野らの統計処理は現代統計学の批判には耐えられないものである。だが、人類学者の寺田和夫によれば、こうした厳密で込み入った計算だけでも当時の人類学関係者の度肝を抜くのに充分だったという（寺田『日本の人類学』）。

そこで、清野説が人類学とその隣接領域の研究者に与えた意味を具体的に考えるために、当時、学術誌に掲載された『日本石器時代人研究』の書評をながめてみよう。ここで取りあげるのは、『人類学雑誌』に掲載された東大人類学教室の大島（須田）昭義と中谷治宇二郎、さらに『民族』における民族学者・岡正雄の書評である（ともに一九二八年）。

なお、大島（須田）は生体計測を専門とする研究者であり、戦後、東大人類学科の教授となった。また、中谷は一九三六年に三四歳で夭折したが、雪の研究や科学エッセイなどで知られる物理学者・中谷宇吉郎（北大教授）の弟である。

さらに、岡は東大文学部在学中から民族学・民俗学に関心を抱き、柳田国男とともに雑誌

『民族』を刊行するなど、日本における民族学の創始者のひとりとして知られる。ウィーン留学を経て、アジア太平洋戦争中には文部省直轄の民族研究所創設に奔走し、アジア各地の民族調査を主導。戦後も日本の民族学（文化人類学）を先導した。岡については、あとでまた触れよう。

まず『人類学雑誌』の書評（大島・中谷「清野謙次著　日本石器時代人研究」）で、大島（須田）昭義（当時、助手）は、「石器時代人骨について精密な計測結果を発表されて、文化的にのみ論じられた日本石器時代の人種論に一新を与えられたのは誠に学界のために目覚ましいこと」と清野説の登場を歓迎する。大島によれば、清野説は「文化を以て石器時代人種を論じきたった者への頂門の一針であり、石器時代研究の清涼剤」である。こうした評価からは、記紀などの文献資料に依存していた従来の日本人種論に飽き足らなさを感じていた人類学者にとって清野説が歓迎すべきものだった様子がうかがえる。

さらに、中谷治宇二郎（当時、選科生）は同じ書評で「自分は先史考古学の研究を企てている者の一人であるから人種論は分らない」という一方、「清野博士の日本石器時代人説の妥当なるを信じている者である」と述べる。清野説は「いちいちの科学的考察の下に到達されたもので、少しの予断をも許さない以上、これは当然の帰結」であり、「清野博士の獲得されたものは学説ではない、事実」とまでいう。

しかも、ここで注目すべきは、清野説が考古学に対してもつ意味である。「先住民族論が自然科学者の手に委ねられた時、当然起る大きな変化」は、「先史考古学者が民族論から解放される事」である。中谷は次のように述べている。

> 考古学者は何故土器片を見て人種を云々しなければならないか、過去文化の研究を目的とすべき学が人種の体質を述べなければ学としての成立が許されないのか。……本邦先史考古学が今日に到るまで未だ一つの学の姿を執れないのも、一つにはこの人種論が禍をしていたためと考えられる。

中谷と同様の観点からの評価は、岡正雄の書評（「『日本石器時代人研究』を読みて」）からもうかがえる。岡によれば、坪井正五郎のコロボックル説、鳥居龍蔵のアイヌ説に関する「文化的論証」、小金井良精のアイヌ説の「体質的立証」などを経て、「石器時代人すなわちアイヌ説」は定説とみなされるようになり、今や「アイヌ論全盛の時代」となっている。しかも、それは人種研究にとどまらず、文化史研究においても、これを出発点としないものはきわめて少ない。

こうした状況の学界に対して、清野説の登場は「まさに晴天〔ママ〕に霹靂（へきれき）」である。しかも、それは石器時代人の研究にとって画期的であるのみならず、岡のような文化史研究に携わる者にとってもきわめて興味ある問題、「すなわち人種と文化との関係について一つの重要なる論証」を提供していると彼はいう。

岡によれば、清野説は「特定土器の使用を、特定の種族に限る事の誤謬」つまりは「文化の差は人種の差ではない」ことを物語っている。たとえば、かつてコロボックル説を唱えた坪井においては「口碑伝説は史実であり、ある特異な遺物の存在はただちにある種族のかつての存在」であったし、文化的見地からアイヌ説を唱えた鳥居も「ある文化の存在はただちにまた必然的にある種族の存在と考えられた」という意味では同断である。「記紀やその他の古典中に、何か文化物や文化事象の片々を発見して、何らの反省も疑問もなく、ただちに人種関係までをもこの事実によって論断して顧みない例は、新見地と称する学説や著書にも多くこれを見る」という。

かくして、岡は次のように主張する。

古代文化の研究は、全く文化面における文化的研究のみに終止〔ママ〕してさしつかえないはずであり、また土器文化研究にしても、土器という文化のみを対象として、その要素分析、型式分析、型式源流の問題等のみを取扱う事に、この研究の新世界が開かれるのではないだろうか。土器といえば人種といわなければ気がすまないような土器研究の態度は、とにかく一応の反省を必要とするであろう。

以上の中谷と岡の書評からは、清野説の登場が関連領域の若手研究者に対して有した意味が読み取れるだろう。文化と人種の問題を分けるという発想はすでに濱田耕作によって始まっていた。だが、次章でくわしくみるとおり、清野説の登場は、こうした人類学と考古学の分離にとって決定的な意味をもったと考えられるのである。

ともあれ、本章で扱った新世代の研究者の議論には日本人起源論における新たな知的枠組みの確立を見出すことができる。そこで、以下、山内清男のいう「縄紋式以来住民の血も文化も後代に続いている」という「新しい考説」を一括して人種連続モデルと呼ぶことにしよう。

もちろん、清野説の登場によって、一気に人種連続モデルへの転換が進んだわけではない。清野説の登場以降も、アイヌ説の提唱者である小金井良精や鳥居龍蔵は、従来の人種交替モデルにとどまり続けた。ここでは、小金井や鳥居による新世代の研究者への応答には立ち入らないが、彼らのような旧世代の人類学者、考古学者や他領域の研究者のあいだでアイヌ説は一定の支持を受け続けた。だが、いったんこうした流れが登場すると、それをとめることは難しい。少なくとも人類学者、考古学者は、従来のように縄文土器を残したのはアイヌだと自信をもっていうことは難しくなった。

それでは、人類学者、考古学者のあいだで人種交替モデルが消失するのは時間の問題だったのか。いや、ことはそう単純ではない。次章以降でみるように、記紀神話への依拠自体がなくなったわけではないし、とりわけ考古学者のあいだには、縄文土器の担い手と弥生土器の担い手が別の集団だという発想はその後も残り続けた。そして、そこで大きな役割を果たしたのが、またもや民族概念だったのである。

記紀批判と人類学・考古学——津田左右吉

一九一〇年代後半から二〇年代末にかけて進められたアイヌ説＝人種交替モデル批判に関連して、本章の最後で考えてみたいのは、こうした人類学・考古学における新潮流と他の学問領域の関係である。

濱田らに先立ち登場した鳥居龍蔵の固有日本人説は、明治期以来の人種交替モデルに依拠していた。鳥居説が大きな反響を呼び、『有史以前の日本』がベストセラーとなったのには、その背景に大正デモクラシーと呼ばれる時代状況があったことは確かである。

たとえば、鳥居は、一九二四年に発表した「歴史教科書と国津神」の冒頭で次のように述べている。

今や国民の知識は一般に進歩して、もはや神話伝説などを鵜呑み(うの)にしてそのまま信ずるようなことは無くなっている。現に皇族講話会においても、古代の話について各皇族方のお聴きになる御模様も、以前とは非常に違って新しい考えでお聴き取りになるし、また摂政宮殿下なども各処の御巡遊において、日本の古いことをここかしこ御視察になり御研究になっておられ、なお一般民衆の上から見ても、我々日本の古代ということについて、その考えがよほど昔と変わっているのである。

ここからは、明治期の坪井正五郎の時代と日本人起源論を取り巻く政治状況が変わっていたことがうかがえるだろう。第2章で述べたとおり、坪井は、明治期中盤、「先輩の御注意」を受けたことがあり、それ以来、日本人の起源について語ることに慎重だったという。それに対し、大正期に入って登場した鳥居の固有日本人説は、考古学上の知見や国内外での調査、そして何より記紀神話を縦横に駆使しつつ組み立てられていた。鳥居がこれほど自由に記紀を用いて日本人起源論を提唱できたことは、坪井時代との思潮の変化と時代の要請を物語っている。

だが、本章でみたように、次世代の研究者の日本人起源論は、総体として記紀への依拠を否定する方向に向かっていた。濱田耕作によれば、後世の編纂物や伝説から研究した結果を先入観としてもつのは避けるべきであり、松本彦七郎には記紀への批判意識は希薄だが、長谷部言人によれば、古典にあまり依存しすぎるべきではない。さらに、清野謙次によれば、人種の決定には文化史上の変化は「間接材料」としかならない。こうした主張には新しい考古学方法論や古人骨の計測などにもとづいた新世代の研究者たちの自信、自負をみてとることができる。

そして、ここで注目したいのが、同時期におこなわれた歴史学者・津田左右吉（早稲田大学教授）による記紀批判である（図3－6）。周知のように、大正期に入って以降、津田左右吉は従来の記紀解釈を覆す画期的な見解を発表していく（家永三郎『津田左右吉の思想史的研究』）。記紀を神話として解釈する試みは、それ以前から高木敏雄（第2章）により始められており、津田の師である白鳥庫吉（歴史学者）も記紀を物語として解釈する議論を展開していた。これを受け、津田は、西欧の人類学、

図3-6　津田左右吉

民俗学、神話学、宗教学などの知見を駆使しつつ、いわゆる「神代史」が皇室の由来を語るために創造された政治的な「物語」であることを明らかにした。

しかも、津田は、『古事記及び日本書紀の新研究』（一九一九）で、記紀に依存した考古学や人類学に対する批判もおこなっている。津田によれば、記紀の記載に適当に意味を付けくわえ、その助けによって作り上げられた知識は、「考古学としての本領」を傷つけるものであり、記紀批判の助けにもならない。「記紀の研究の方からいうと、その批判の準拠としようと思う考古学が逆に記紀を用いていたのでは、何にもならぬ」からである。これは「人種とか民族とかいう方面の知識」においても同様であり、記紀のある部分に勝手な意味を付加し、それによって「天孫人種」とか「出雲民族」などというものを成り立たせようとするならば、それは何ら学術的価値のないものだと批判を向ける。

こうした津田による新たな記紀解釈の登場が、人類学・考古学における人種交替モデル批判と響き合うものであったことは確かだろう。彼の考古学批判は、先述した濱田の議論（「遺物遺跡と民族」）と重なるものであり、しかも二つの論考はともに同じ一九一九年に発表されている。津田左右吉による新たな記紀解釈の登場とも共鳴しながら、新世代の人類学者、考古学者は、明治期以来の人種交替モデルの乗り越えをはかろうとしたのである。

もちろん彼らは、津田のように記紀を「物語」だとするラディカルな解釈をとっていたわけではない。先にみたように、松本は記紀を用いて日本人起源論を語っており、自らの科学的方法を誇った清野も一方で記紀を「原史時代の忘備録」だと位置づけていた。

しかもまた、記紀と考古学との関係は、より微妙な問題をはらんでいる。先に挙げた濱田耕作による文献資料に依存した考古学研究への批判は、記紀の解釈に深入りするのを避ける意味もあったと解釈可能である。

たとえば、戦前日本を代表する国史学者である黒板勝美（くろいたかつみ）が、津田左右吉の登場に危機感を抱き、『国史の研究』第二版（一九一九）で津田を批判したことはよく知られている。黒板は早くから歴史学の補助学として考古学の価値を認め、考古学会の会長もつとめたが、一方で両者が棲み分けながら協力することの重要性を説いていた。彼によれば、「史学は微細なる関係の推移などを論証するのに推論上ときに推測を用いること」もやむをえないが、考古学が史学のこの方面に踏み込むことは危険なのである。黒板の主張が濱田に影響を与えたかは不明だが、大正期にある程度、研究者は自由に記紀について語るようになる一方、考古学が記紀から離れる背景にはこうした事情もあっただろう。

人種連続モデル・和辻哲郎・マルクス主義

そして、新世代の人類学者、考古学者によるアイヌ説＝人種交替モデル批判は、おそらく彼ら自身も想定していなかった効果を有していた。第2章で述べたように、明治期の国学者のあいだには、日本人の祖先の海外由来という解釈に反発を感じ、記紀を日本民族内の闘争として描く解釈を述べるものもあった。その後、鳥居の固有日本人説は、「固有日本人」の日本列島への渡来時期をさかのぼらせ、記紀神話の大部分を日本人内部の物語として語る可能性を開いていたが、人種連続モデルの登場は、石器時代を含む日本列島の人類史をすべて日本人の物語と解釈することにもつながる。

一九二〇年、前年『古寺巡礼』を刊行して脚光を浴びたばかりの和辻哲郎（倫理学者、当時、法政大教授）が『日本古代文化』を刊行する。同書で和辻は、津田左右吉が「記紀の神代上代の記事が物語であって歴史でないこと、史料としては最も信用し難いものであること」を明らかにしたと評したうえで、独自な視点から「日本古代史及び古代文学の批評」を企てたのだった。

そして、和辻の「上代史」の理解は、濱田や松本、長谷部による人類学・考古学の知見をふまえたものだった。和辻は彼らの議論を参照しながら、鳥居龍蔵のように、「弥生式土器使用者が固有日本人であるに対して、縄文土器使用者が固有日本人でない」とはいえないとして、日本列島における「先住民」の存在を否定する。和辻によれば、「我々の知ろうとする時代の日本民族は、既に長い年月をこの国土に送り、既に一つの混成民族となり、石器の使用より金属の使用に、漁猟時代より農業時代に移っていた」のであり、上代文化の観察は、このような「出来上がった日本民族」を出発点としなければならないのである。

さらに、清野説が登場した一九三〇年代に入ると、マルクス主義の立場に立つ若手研究者にも人種連続モデルの支持は広がっていく。たとえば、一九三六年当時、京大大学院で濱田耕作のもとで考古学を学んでいた禰津正志（ねづまさし）（のちに歴史家・著述家）は『歴史学研究』に寄稿した「原始日本の人類とその系譜」において、清野説は「縄文土器使用者がアイヌ人であって、これを追い払って固有日本人（弥生土器使用者および古墳築造者）が国土を占領したと説く空想説を粉砕するものである」とし、この「空想説」は、「神武天皇御東征記事解釈以来の伝統的考えであった」と述べている。また、同年、刊行された唯物論全書の『民族論』でも、早川二郎（歴史学者）が、「長谷部言人、清野謙次二氏によって有産者的科学の達し得る限りでの科学性は一応貫徹された」と評している（早川「日本民族の形成過程」）。

残念ながら、和辻やマルクス主義者の議論が、本章で取りあげた四人の研究者にどのように受け止められたかはよくわからない。数少ない例外は禰津正志の戦後になってからの回想であり、当時、彼が唯物論全書の執筆予定者となっていたことを知った濱田に叱責され、仕方なく断念したのだという（ねずまさし『原始社会』）。だが当然、この証言だけからでは濱田の真意がどこにあったかを判断することはできない。

ただし、少なくとも記紀に大幅に依拠して研究を進めてきた考古学者は、津田左右吉のような主張に対しては反発を覚えただろう。たとえば、帝室博物館につとめ、主として古墳時代以降の遺物の研究をおこなっていた後藤守一(しゅいち)は、『考古学雑誌』(一九二一)に載せた学界動向(「彙報　最近考古学界」)で、津田の議論を「その所論は吾人を全く首肯せしむるに足らざりき」と完全否定する一方、和辻の『日本古代文化』については、「文化の評価においては聴くべきもの多く、著者の旧著『古寺巡礼』と共に、上代文化研究者の必読すべき好著たるべし」と評している。

のちにみるように、一九三八年に濱田耕作が死去して以降、後藤守一は日本考古学の第一人者と目されるようになり、戦時中には考古学における戦争翼賛団体と評される日本古代文化学会の代表もつとめることになる。だが一方、彼は、冒頭に回想を引用した山内清男をはじめとする若手考古学者の仕事を早くから認めてもいた。

ともあれ、次章では、人種連続モデルの登場を受け、一九三〇年代に進められた土器研究の新たな潮流と日本人起源論の関係についてみていこう。

第4章　土器編年と日本人起源論

青年考古学者、山内、八幡、甲野氏等によって編年的研究が始められ、この学風が一般化するにしたがって、事情は大分変ってきた。この学派が、土器の型式的研究に精力を集中し、石器も土器との相互関係のもとにその編年的位置を討究される事になり、その結果として遺物の用途の問題はおのずとわきへ押しやられ、後廻しにされざるを得なかった。……この編年学的研究は日本考古学における一大進歩であって、その功績は非常に大きい。しかしながら、その自然的結果として、考古学研究は土器偏重の傾向を誘致し、石器の用途の問題なぞほとんど軽視されるような形になった。

（赤木清［江馬修］「考古学的遺物と用途の問題」一九三七）

文化史としての考古学と日本人種論

日本の縄文・弥生土器に関する編年体系は世界でもっとも精緻だといわれるが、その基礎が確立したのは一九三〇年代のことである。これを主導したのが山内清男、八幡一郎、甲野勇(縄文土器)、森本六爾(ろくじ)、小林行雄(弥生土器)、いずれも当時、若手に属する考古学者であった。そこで、本章では彼らの土器編年研究を取りあげ、日本人起源論との関係について考えてみたい。

前章でみたとおり、一九二八年に刊行された『日本石器時代人研究』の書評で、中谷治宇二郎と岡正雄は、清野説を高く評価しつつ、考古学が人種の問題から解放される必要性を説いていた。考古学史上における清野説の意義については、考古学者の林謙作が示唆的な指摘をおこなっているので、ここで彼の言葉を引いておこう。

清野の意見が提出された結果、それまで考古学者も発言していた〈人種論〉は、「精確科学」の訓練をつんだ「専門家」でなければ判断のつかぬ問題であることになった。先史考古学の分野で、もっとも活発な議論のまととなっていた問題が、自然科学者の手のなかにさらわれてしまったのである。当時の先史考古学から〈人種論〉を取り除いてしまったら何がのこるだろうか。自然科学者がどこまで縄張りをひろげ、どれだけの問題を解いてみせるのかも予測はつかない。とすれば、考古学者は、自然科学者が踏みこむことのできない、自分だけの縄張りを作らなければならない。こうして考古学者は新カント派哲学の主張に跳びつき〔非法則的〕な〈文化事象〉を研究する〈文化史としての考古学〉の立場にたつ。

（林「考古学と科学」）

「人種論」が人類学者の専有物であるとすれば、考古学者は、新たに自分たち固有の方法論を確立しなければならない。林にしたがえば、そこで多くの考古学者が取り組んだのが「文化史としての考古学」＝土器の編年研究だったと考えられるわけである。

むろん、土器の編年研究は、モンテリウス以降の型式学の潮流に棹さすものである。では縄文・弥生土器の編年をつくろうとする「文化史としての考古学」は、日本人種論と完全にたもとを分かったのか。それを考えるのがここでの課題となる。

ここで、あらかじめ本章の見通しを述べておこう。清野説の登場以降、確かに日本考古学は「人種論」と一線を画し、文化史の観点から遺物遺跡を研究する方向へと舵を切った。だが、それにより、考古学から日本人の起源への関心が失われたわけではない。あるいは、確かに考古学者は「人種論」を人類学者に委ねることになったが、「民族」の問題から離れたわけではないといってもよい。そして、一九三〇年代に進められた縄文・弥生土器に関する編年研究の背後には、人種連続モデルと、この時期に新たに登場した縄文／弥生人モデルの対立がみてとれるというのが筆者の見通しである。

人類学・考古学の時代

若手考古学者の土器編年研究について考えるにあたって、まず確認しておくべきは、彼らが考古学を志した一九二〇年代後半から三〇年代にかけては、自然人類学、考古学、民族学、民俗学などの学問分化が進むとともに、これら人類諸科学に対する社会的関心が急速に高まる時期だったことである。

第2章で述べたように、一九一三年に坪井正五郎が亡くなったのち、人類学会から総合人類学の気風は次第に失われ、二〇年代後半になると、機関誌『人類学雑誌』も自然人類学関係の論文が大半を占めるようになっていた（寺田和夫『日本の人類学』）。

一方、同時期には戦後の民族学（文化人類学）や民俗学へとつながる組織化も始まっていた。一九二五年に柳田国男が、岡正雄らとともに雑誌『民族』を創刊（第3章）。『民族』は、柳田と他の同人との編集方針のズレなどから二九年に休刊となるが、同年、柳田を除く『民族』のメンバーが中心となって民俗学会が結成され（のちの日本民俗学会とは別組織）、『民俗学』を創刊する。『民俗学』も三三年に休刊となったが、三四年に若手を中心に日本民族学会（現・日本文化人類学会）、三五年には柳田を中心に民間伝承の会（現・日本民俗学会）が設立されることになる。

さらにここで見逃せないのは、一九三二年、岡正雄の兄・茂雄が経営する岡書院が創刊した雑誌『ドルメン』である。『ドルメン』は「人類学・考古学・民俗学並にその姉妹科学にたずさわる諸学究の、ごく寛いだ炉辺叢談誌」をうたい、山内清男の代表作「日本遠古之文化」（一九三二―三三）をはじめ、人類諸科学の重要な論考が掲載された。

また、岡書院が一九二七年から刊行を開始した「人類学叢書」（自然人類学から考古学、民俗学、考古学、言語学、民族学、宗教学まで幅広くカバーすることを目指していた）の広告は次のようにうたっている。広告という点は差し引いても、ここからは当時の人類諸科学をめぐる活況が伝わってくるだろう。

> 遂に、人類学時代は到来した。／かつては神学や哲学が学問体系の首座を占め、爾余の科学にその隷属を強い、かくて永き世紀、彼らの時代を誇った。しかし彼らも永久にその地位を擁することはできなかった。偉大なる世紀の転換とともに、すでに抬頭しつつあった学問体系における下剋上の気運は、遂にその目的を達成し、実証主義の精神は完

全に観念主義を克服し、哲学をおって、新興の科学人類学をもって、学問の首座によらしめた。

このように人類諸科学への関心が高まるなか、多くの若者を惹きつけたのが考古学だった。石器や土器の採集を趣味とする少年を指す考古ボーイという言葉があるが、一九三〇年代以降の土器編年研究をリードした考古学者の多くも元考古ボーイであった。

そして一九二〇年代後半以降、考古学の領域では、若手を中心に既存の学会（人類学会、考古学会）とは別に、自分たちの学会を組織する機運が高まってくる。参考までに、一九二〇年代後半から三〇年代にかけて結成されたおもな考古学関係の同人とその機関誌名を挙げておこう（図4－1）。若手や在野の考古学者が活動する主要な場がこれらの学会であり、戦後日本の考古学を主導することになる研究者にも会員だった者は多い。

そもそも戦前の日本では、考古学を専門的に学んでも研究職につける保証はなかった。以下にみるように、戦前、山内清男をはじめ、多くの考古学者が不安定な身分のまま研究生活を続けており、京大考古学教室の初期スタッフも、濱田以外は変則的なルートを経た者で占められていた。濱田自身、考古学では就職できないと公言していたという（角田文衛編『考古学京都学派（増補）』）。

ただし、こうした在野の学会で縄文・弥生文化などの研究発表がおこなわれる一方、アカデミズムに地位を得た研究者は東亜考古学会（一九二五年創設）などを拠点に海外調査も盛んにおこなっていた。縄文・弥生研究は、若手、在野研究者にも比較的参入しやすい領域だったのである。以上をふまえたうえで、土器編年研究の検討に移ろう。

山内清男あるいは「編年学派三羽烏」

考古学史上、縄文研究に画期をもたらしたといわれるのが、いずれも東大人類学教室の選科に学んだ山内清男、八幡一郎、甲野勇である。編年学派（三羽烏）とも呼ばれる彼らが構築した縄文土器の編年体系は、現在の縄文研究の基礎となっている。ここでも、まず彼らの履歴を確認しておこう。

編年学派の筆頭格である山内清男は一九〇二年、東京下谷区（現・台東区谷中）に生まれた。少年時代、第2章で触れた武蔵野会で鳥居龍蔵の知遇を得たのち、一九一九年、人類学選科に一七歳で入学。また、山内は少年時代から社会主義思想に関心をもち、選科時代には大杉栄の集会にも参加していたという（佐原真「山内清男論」）。（図4-2）

山内は選科修了後の一九二四年、東北大医学部の長谷部言人のもとで副手となった。選科時代には体質人類学やヒトの遺伝学にも関心をもっていたが、長谷部が彼に求めたのは、考

貝塚研究会	『貝塚』	1938年、酒詰仲男、江坂輝彌らにより創設。同年暮れ、東京考古学会と合併、東京考古学会縄文式文化委員会に。
（参考）		
東亜考古学会	『東方考古学叢刊』	1925年、濱田耕作、原田淑人（東大考古学教室）らにより創設。
史前学会	『史前学雑誌』	1929年、大山柏が創設した大山史前学研究所により運営。45年、活動停止。
日本民族学会	『民族学研究』	1934年に創設。初代会長は白鳥庫吉（東洋史家）。42年、民族研究所設置にともない、民族学協会（64年、再び日本民族学会）、2004年に日本文化人類学会に改称、現在にいたる。

図4－1　考古学関係団体と機関誌

団体名	機関誌	特記事項
東京考古学会	『考古学研究』→『考古学』	1927年、森本六爾により考古学研究会として創設。30年に東京考古学会に改組。36年の森本死去後、坪井良平（大阪在住）が実務担当。38年から、東京の杉原荘介宅で考古学研究所を運営。
先史考古学会	『先史考古学』（3号で休刊）	1934年、山内清男らにより原始文化研究会として創設。37年、先史考古学会に改組。
飛驒考古学会	『ひだびと』	1933年、江馬修により創設。34年、飛驒土俗考古学会に改称。
考古学研究会	『考古学論叢』	1936年、京大の考古学教室関係者を中心に創設。主幹は三森定男。
中部考古学会	『中部考古学会彙報』	1936年、江馬修の提唱、福島善太郎（在野研究者）により創設。実質的活動の中心は八幡一郎。

古学の立場から自分の研究を支えることだったようである。長谷部の専制的支配を嫌い、翌二五年には職を辞そうとするが、小金井良精らに説得されて仙台に戻った。

　また、山内は、早くから松本彦七郎の研究に注目しており、副手就任の直前、八幡一郎とともに松本のもとを訪問している。東北大時代にはモンテリウスも原著で読み込んでおり、後輩との会話でもしばしば「モンテリ」の名を口にしていたという（山内先生没後二五年記念論集

図4-2　山内清男

刊行会編『画龍点睛』）。

　だが、山内は長谷部のもとで働くことに耐えきれなかったらしい。一九三三年に東北大を辞して東京に戻り、以降は父親からの仕送りなどに頼りながら活動した。三四年から八幡、甲野らとともに原始文化研究会（三七年より先史考古学会）を主宰し、山内のもとには、芹沢長介、江坂輝彌（てるや）、杉原荘介など、戦後の日本考古学をリードすることになる若者もたびたび訪れた。ただし、先史考古学会の機関誌『先史考古学』はわずか三号で休刊となっている。

　一九四〇年から東大人類学教室の嘱託、四三年には東北大医学部に助手として復帰したが、四五年末で辞職。四六年より人類学教室の非常勤講師、翌年、専任講師。六二年に東大を退

官し、成城大教授となった。七〇年、死去。なお、山内を人類学教室の嘱託や講師に招聘したのは、かつて彼を抑圧したといわれる長谷部言人である。それだけ山内の才能を買っていたということだろう。

八幡一郎は一九〇二年、長野県諏訪郡平野村（現・岡谷市）に生まれた。中学時代、鳥居龍蔵に随行して地元での発掘調査に参加したこともある。二四年に選科を修了し、人類学教室副手、その後、助手、講師をつとめた。三四年の民族学会創設の際には発起人のひとりとなっている。四三年に民族研究所の研究員（兼任）となり、同研究所による共同調査中、満洲で敗戦を迎えた。帰国が遅れた八幡に代わって、人類学教室の先史学を担当することになったのが山内である。（図4-3）

図4-3　**八幡一郎**

一九四八年から東京国立博物館に勤務し、その後、東京教育大、上智大の教授などを歴任、六一年から六九年まで日本考古学協会の委員長（会長）もつとめた。敗戦後一年あまり中国にとどまる苦労もあったが、三人のなかではもっとも順調なキャリアを積んだ研究者だといってよい。研究領域は縄文にとどまらず、弥生・古墳研究、さらに中国から太平洋地域の考古学まで幅広い。直情径行な性格で、いきなり他人を怒鳴りつけるといったエピソードも多い山内と対照的に、八幡一郎については謙虚、誠実などの人物評が残っている。八七年、死去（江上波夫ほか編『八幡一郎著作集』）。

そして、甲野勇は一九〇一年、東京日本橋薬研堀に生まれた。八幡によれば、甲野家は代々医師で、祖父は長岡藩の藩医、父親も大正天皇の侍医頭をつとめ、学者一族として知られる箕作家とも近親縁者だという（多摩考古学会編『甲野勇先生の歩み』）。したがって、幕末以来の知識人家系の出身といえるが、これは甲野に対するジェントルマン、リベラリスト、「反骨」といった人物評とも符合する。（図4-4）

図4-4　甲野勇

一九二五年に選科終了後、人類学教室の副手を経て、大山史前学研究所に入所。史前学研究所は、明治の元老・大山巌の次男で、軍人・公爵でありながらドイツで先史考古学を学んだ大山柏が二九年に設立した私設の研究機関である。同研究所は、戦争末期、空襲で大山邸が焼失し活動停止するまで、戦前の石器時代研究で独自な存在感を示した（阿部芳郎『失われた史前学』）。大山柏の旧石器研究については次章で触れよう。

また、甲野は、史前学研究所時代から先述した『ドルメン』の編集を手伝っていた。だが、岡書院が倒産したため、甲野は一九三五年に史前学研究所を辞して、同様の編集方針で刊行した『ミネルヴァ』(翰林書房、三六—三七)の編集兼発行人となった。『ミネルヴァ』は一〇号を出しただけで終わったが、後述する「ミネルヴァ論争」を含め、人類学選科関係者の論考が多く掲載されている。甲野は、その後も『民族文化』(四〇—四三)、『あんとろぽす』(四六—四八)など、人類学・考古学関係の雑誌編集にこだわり続けた。

一九四〇年から人類学教室嘱託、四二年には厚生省研究所人口民族部の嘱託となった。戦後は考古学の主流とは次第に距離を置くようになり、地域博物館建設に尽力するなど独自な活動を進め、五三年からは国立音楽大学で文化人類学を教えた。六七年、死去(坂野「考古学者・甲野勇の太平洋戦争」)。

なお、甲野の回想によれば、選科時代、民族学・先史学については鳥居龍蔵、形質人類学や人種学は松村瞭、樺太の人種・文化は石田収蔵、解剖学は小金井良精、言語学は金田一京助から講義を受けたという(甲野「おもいで」)。おそらく山内、八幡の場合も同様だろう。鳥居は東大辞職後、かつて彼のもとで学んだ山内、八幡、甲野らを私の弟子と呼び、「今日よくその仕事に従事せられているのは、すこぶるうれしい」と述べる一方、当時、教鞭をとっていた國學院の講義では山内らが主導した「編年学派」の仕事を激しく批判していたともいう（大村裕『日本先史考古学史講義』）。

縄文土器の編年

山内、甲野、八幡による縄文土器の編年の出発点となったのが、一九二四年三月末から四月初め、東大人類学教室によっておこなわれた加曽利貝塚（千葉市）での発掘である。人骨探索を目的に小金井良精、松村瞭らが計画したこの発掘に随行した際、彼らは編年研究への確信を得たといわれている。

ここでは、大村裕の整理も参考に、そのときの発掘の手順について確認しておこう（大村『日本先史考古学史講義』）。その際、E、Bと仮称した発掘地点からそれぞれ鳥居龍蔵のいう「厚手式」「薄手式」の土器が発掘された（第2章）。そこでB地点の「薄手式」を含む貝層をさらに掘ったところ、E地点と同じ「厚手式」の土器が見出された。こうして彼らは二種類の土器が「部族」の違いではなく、年代差であることを確認したわけである（八幡「千葉県加曽利貝塚の発掘」）。ちなみに、現在、E地点から発掘された厚手の土器は加曽利E式、B地点から発掘された土器は加曽利B式と呼ばれ、関東地方の縄文時代を代表する土器型式として知られている。

その後、山内は赴任地である東北と関東、八幡は彼の出身地である信州と関東、甲野は関東地方で発掘調査を続け、縄文土器の先後関係や年代を配列する研究を進めていく。なかでも山内の緻密な発掘調査と土器型式を分類・配列して編年をまとめあげる技術は他の追随を許さないものであり、これが「縄文学の父」という山内の評価につながっている。

彼ら三人の研究成果は、先述した山内の「日本遠古之文化」や、八幡「日本石器時代文化」（一九三五）、甲野「関東地方に於ける縄紋式石器時代文化の変遷」（一九三五）などに発表された。さらに山内は京大考古学教室が所蔵する発掘資料も参照し、三六年頃には日本全国の縄文土器型式を早期・前期・中期・後期・晩期に整理する体系を確立する（戦後、草創期を追加し、六類型）。その成果は「縄紋土器型式の大別と細別」（一九三七）にまとめられ、現在につながる縄文文化の詳細な研究が可能になっている。こうして一九三〇年代後半、彼らは「編年学派（三羽烏）」などと呼ばれるようになった。

だが、当然彼らの編年体系がすぐに他の考古学者に受け入れられたわけではない。とりわけ年長の研究者のなかには、彼らの研究に疑問を呈する者も多かった。鳥居龍蔵は「編年学派」の成果を認めようとしなかったし、一九三六年、雑誌『ミネルヴァ』を舞台に喜田貞吉（当時、東北大講師、第３章）と山内清男のあいだでおこなわれた「ミネルヴァ論争」は、旧世代と新世代の研究者の考え方の違いを示すものとして有名である。

山内は「日本遠古之文化」で、縄文文化の時代は日本列島全域でほぼ同時期に終わると述べていたが、『ミネルヴァ』創刊号（一九三六）に掲載された座談会「日本石器時代文化の源流と下限を語る」（江上波夫・後藤守一・山内清男・八幡一郎、司会：甲野勇）でも「縄紋式の終末は地方によって大差ないと見なければならない」と持論を再論した。

それに対して、東北地方では縄文文化は鎌倉時代まで残ると主張していた喜田貞吉が、次々号（四月号）に寄稿した「日本石器時代の終末期に就いて」で、東北地方の遺跡で縄文土器と宋銭が伴出したことなどを根拠に批判をくわえた。これ以降、誌面でのふたりのやりとりは、山内「日本考古学の秩序」（五月号）、喜田「「あばた」も「えくぼ」・「えくぼ」も「あばた」」（六月号）、喜田「又も石器時代遺跡から宋銭の発見」、山内「考古学の正道」（七・八月合併号）と続いていく。

ふたりの論争には立ち入らないが、ここで注意したいのは、論争の引き金となった座談会でも、山内の主張に対して、他の参加者から十分な同意は得られていないことである。後藤守一（第3章）と江上波夫は山内に対してとりわけ批判的であり、たとえば後藤は「喜田先生のいわれる鎌倉時代ということも地方によっては必じも［ママ］無茶の議論じゃないと思う」と述べている。また、山内に「僕達の方じゃ縄紋式の終末期の年代が地方的に非常な違いはないと思う」といわれた八幡と甲野も山内に完全にくみしているわけではない。

第1章でみたように、かつて坪井正五郎は、北海道で石器時代は数百年前まで続いたと推測していた。一九三〇年代当時にあっても、東北地方で縄文土器の使用が歴史時代まで続くという喜田の主張は必ずしも奇異なものではなく、京大の濱田耕作も「日本原始文化」（一九三五）で同様のことを述べている。山内と他の考古学者の認識の違いは日本人起源論ともかかわるので、あとで立ち返ろう。

さらに、「編年学派」に対する同時代の研究者の反応を示すもうひとつの例として知られるのが、八幡、甲野と江馬修（えましゅう）（作家、在野考古学者）のあいだでおこなわれた「ひだびと論争」である。プロレタリア作家として活動していた江馬は一九二九年に逮捕されたのち、故郷の岐阜県高山市に戻って飛驒考古土俗学会を主宰、『ひだびと』という郷土誌を刊行していた（重信幸彦「知の実践のかたちとローカリティ」）。

一九三七年、そうした江馬（筆名：赤木清）が同誌に発表したのが、本章の冒頭に掲げた「考古学的遺物と用途の問題」である。そのなかで彼は、山内、八幡、甲野らによる編年研究を高く評価する一方、結果的に現在の考古学において「遺物の用途の問題」があとまわしにされていると問題提起したのだった。

それに対して甲野は「まず編年的研究を全面的に推進させ、もって日本石器時代編年を確立することが目下の急務」と応答（甲野「遺物用途問題と編年」）。それに対する江馬の反論（赤木「考古学の新動向」）に、八幡が「一連の物の歴史的関係を見究めること、考古学では編年をなすことによってのみ……用途論も可能となる」と再反論することになった（八幡「先史遺物用途の問題」）。戦後、甲野は、この時期に編年に集中しすぎたと反省の弁も語っているが（甲野『縄文土器のはなし』）、以上の甲野や八幡の発言からは当時、彼らが考古学固有の方法論確立を目指していた様子をうかがうことができる。

では、弥生土器の編年はどのように進められたのだろうか。弥生土器の編年については、『京都帝国大学文学部考古学研究報告』第三冊（一九一九）に収められた濱田耕作らによる「弥生式土器形式分類聚成図録」などもあったが、現在につながる編年の基礎となる研究が本格的に始まるのは一九三〇年頃のことである。その中心となったのが森本六爾と小林行雄、いずれも当時在野で活動していた、やはり若手の研究者であった。

森本六爾と小林行雄

先にみたように、一九二〇年代後半以降、在野考古学会が数多く設立されたが、そのなかで最大規模を誇った東京考古学会の主宰者が、夭折（ようせつ）の考古学者として知られる森本六爾である。（図4－5）

森本は一九〇三年、奈良県磯城郡織田村（現・桜井市）に生まれた。六爾は中学時代に考古学に関心を抱くようになったが、地主である森本家の長男であったため大学進学をあきらめ、代用教員のかたわら、地元の唐古池（からこいけ）などで石器や土器の発掘をおこなっていた。なお、森本死去後の一九三七年、唐古池で京大などによる発掘が実施され、弥生時代の大規模集落跡であることが判明するが、これは戦後の登呂（とろ）遺跡発掘（第7章）の先駆とも評されている。

代用教員時代、森本は京大の考古学教室に出入りし、梅原末治の指導を受けたりしていたが、一九二四年、帝室博物館の考古学者・高橋健自を頼って上京する。だが、博物館にポストがなかったため、当時、東京高等師範学校の校長をつとめていた歴史学者・三宅米吉（第1章）の好意により彼のもとで副手となった。

図4-5　**森本六爾**

その後、森本は帝室博物館を出入り禁止となってしまい、自分の研究発表の場を求めて一九二七年に考古学研究会を結成、『考古学研究』を刊行する。さらに、二九年に三宅が死去したため副手の地位を失い、以降は数学教師である妻ミツギの給与などで生活するようになった。同年、刊行停止状態に陥っていた『考古学研究』を再建すべく、考古学研究会を東京考古学会に改称し、翌年から機関誌『考古学』を創刊。なお、選科出身の八幡一郎、中谷治宇次郎も東京考古学会の同人一〇名に名を連ねている。

東京考古学会は、『考古学』を毎月刊行するとともに、年一冊『考古学集刊』も発行。やがて東京考古学会には日本全国の考古学愛好者が入会し、創刊一年後の時点で会員数は二〇〇名近くを数えた。また、後述するように、森本のもとに集結し親交を深めた小林行雄、杉原荘介、藤森栄一らは戦後日本を代表する考古学者となった。

森本は一九三一年にフランスに私費留学するが、現地で結核を発症し、翌年帰国。森本から結核を罹患したミツギは三五年に亡くなり、さらに翌年一月、六爾も三二歳の若さで死去した。「考古学の鬼」「考古学の殉教者」とも呼ばれる森本と妻の生涯については、松本清張の短編小説「断碑」(一九五四)や、年少の同志による伝記でなかば伝説化されている(藤森栄一『二粒の籾』、浅田芳朗『考古学の殉教者』)。ただし、東京考古学会で森本の庇護者のような立場にあり、森本の死後、雑誌刊行を支えた坪井良平が「圭角の多い、売名好きの一青年学徒」だったと評するように(坪井『わが心の自叙伝(五)』)、毀誉褒貶の多い研究者だった。

以上の履歴からわかるように、森本は活動の中心を雑誌の刊行とそこでの論文発表に置いていた。奈良在住時は、京大の梅原末治の影響を受け、古墳や奈良時代の墳墓の論文をおもに発表していたが、東京考古学会を組織した頃から弥生文化に焦点をしぼり、弥生土器の編年と日本の稲作の起源に関する研究を進めていく。

そして、森本の死後、弥生土器の編年体系を完成させたのが小林行雄である(図4-6)。

小林は一九一一年、兵庫県神戸市に生まれ、神戸一中を経て、三二年、神戸高等工業学校建築学科（現・神戸大学工学部）卒業。中学生時代から考古学に関心を抱き、地元の在野考古学者・直良信夫（なおら）（第５章）の指導を受けた縁で、直良から友人の森本六爾を紹介された。その後、小林は高等工業在学中に三つの目標（「弥生土器について過去に発表された、すべての文献に目を通す」「公表されているすべての弥生土器の図を集める」「自分の手で弥生土器の実測図をつくる」）を立て、実行に移すことにしたという。

そこで学校の実習の機会を利用して一九三〇年夏に上京し、森本六爾に初めて対面。森本のパリ留学をはさんで、三三年、彼から一〇〇〇個の弥生土器の実測図と、弥生土器の編年体系をともにつくろうという提案を受ける。小林は建築を学んだだけあって、土器計測と作図技術に長けており、彼が弥生土器の計測に導入した実測器（マコ〔真弧〕、クシなどと呼ばれる）は現在でも使われている。

図４-６　小林行雄

一方、濱田耕作の口添えで、小林は一九三五年に京大考古学教室の助手に就任する。小林の研究領域も幅広いが、戦後は次第に古墳時代の研究にシフトし、特に三角縁神獣鏡（古墳時代の銅鏡）の研究が有名である。長く京大考古学教室の講師などをつとめ、多くの後進を育てた。七四年に教授、翌年退官、八九年に死去した。

なお、先述した坪井良平も梵鐘(ぼんしょう)の研究で知られる在野考古学者だが、その息子・清足(きよたり)は、のちに京大の梅原、小林のもとで学び、戦後日本を代表する考古学者となった(坪井清足『考古ボーイの七〇年』)。

弥生土器の編年

第1章で、明治期末になると、弥生土器は石器時代の土器だという認識が強まり、弥生土器が縄文土器より層位的に新しいことも確認されたと述べた。だが実際には、それ以降も弥生土器をどう位置づけるかについては長年さだまらない状態が続いており、縄文から弥生へという時代的変遷がすぐに認められたわけではない。

そうした弥生土器をめぐる混乱を示すのが、九大医学部の中山平次郎による研究である。中山は一八七一年京都市生まれ、東大医学部で病理学を学び、九大医学部の前身となる京都帝大福岡医科大学の初代病理学教授となった。だが、病理解剖の際に感染して生死の境をさまよって以降、メスを握れないというトラウマを抱え、少年時代から関心のあった考古学研究に転身した(中山宏明「考古学者にして病理学者」)。

さて、中山は一九一四年以降、毎号のように『考古学雑誌』に論文を発表し、九州の考古学研究をリードする存在となっていく。一九一七年、地元で弥生土器が石器、青銅器（銅剣、銅鐸、鏡）と一緒に発掘されたことから、弥生土器の時代を石器時代（先史時代）と鉄器時代（原史時代）の「中間時代」（「金石両器並用の時代」）と呼ぶことを提唱する（中山「九州北部に於ける先史原史両時代中間期間の遺物に就て（一）—（四）」）。中山のいう「中間時代」は、濱田耕作によって「金石併用（の）時代」と言い換えられ定着し、のちの弥生時代という時代区分の先駆になったともいわれる。

また中山は、鳥居龍蔵の影響下、アイヌ族の石器時代と弥生土器を用いた「我日本民族の祖先」による「金石併用時代」が共存し、次第に後者によって前者が駆逐されたとも述べており、人種交替モデルに依拠して弥生土器を解釈していたといってよい。

こうしたなか、一九三一年に北九州の遠賀川（おんがかわ）流域（福岡県水巻町、立屋敷遺跡）で発見された有紋の弥生土器（弥生前期）がその後の弥生研究にとって大きな画期となった。小林行雄の回想によれば、遠賀川における有紋土器の発見は、彼にとって同年の「満洲事変の勃発に匹敵する大事件」だったという（小林「弥生式文化」）。

前年に九大を退官したばかりの中山は、翌年「福岡地方に分布せる二系統の弥生式土器」（一九三二）を発表し、この新発見の土器と、従来から知られる二種類の弥生土器の先後関係についての仮説を提唱する。

だが、小林行雄は、この有紋土器について別の見通しをもっていた。彼はこの土器の系統が北九州のみならず近畿地方にも存在することに気づき、遠賀川式土器と命名する。一九三二年から翌年にかけて、小林による中山説批判の論文が東京考古学会の『考古学』に相次いで発表され、さらに彼はパリから帰国した森本六爾に持論を話し、同意を得ることになった。こうした流れのなかで、先述した弥生土器の編年体系をつくるという東京考古学会のプロジェクトも始動したわけである。

しかし、この計画は必ずしも順調に進まなかった。帰国後まもなく森本は家計を支えていた妻に結核を罹患させたため収入が途絶え、彼自身の体調も万全ではなかった。森本に同情して、京大の濱田耕作は服部奉公会から助成金を森本に出していたが、それは森本家の生活費や医療費に使われてしまったという（角田文衞編『考古学京都学派（増補）』）。

先にみたとおり、妻に先立たれて二ヵ月後の一九三六年一月、森本六爾は短い人生を閉じるが、彼の死後、その仕事を引き継いだのが坪井良平だった。『考古学研究』の編集を一手に引き受ける一方、彼自身が資金を出し、東京考古学会の同人によって全国の弥生土器の計測が進められていく（内田「概説『弥生式土器聚成図録』」）。こうして森本・小林の『弥生式土器聚成図録（正編）』が一九三八年、『正編解説』が翌年に刊行された。

さらに、先述した唐古遺跡の発掘にもとづいて、一九四三年に小林らは唐古池から出土した大量の弥生土器を五様式に分類する編年体系を発表し（末永雅雄・小林行雄・藤岡謙二郎『大和唐古弥生式遺跡の研究』）、これが現在につながる弥生土器編年の基礎となっている。なお、小林らの報告書は、かつて濱田耕作が刊行を始めた京大考古学教室の発掘報告書の最終号（第一六巻）となった（第3章）。

水田稲作の起源をめぐって

以上みたように、山内清男と森本六爾は、それぞれ縄文土器、弥生土器の編年構築に大きな役割を果たしたが、実は両者のあいだには対立関係が存在した。それは、日本列島における稲作起源論をめぐる確執に端を発している。

先に述べたとおり、森本六爾は一九三〇年頃から弥生文化の研究を開始するが、彼自身が力を入れたのは、土器の編年よりはむしろ弥生文化を水田稲作時代ととらえる研究だったといってよい。東京考古学会から『考古学』増刊として刊行された『日本原始農業』（一九三三）中の「弥生式文化と原始農業問題」や、彼の死後、藤森栄一によってまとめられた『日本農耕文化の起源』（一九四一）などが知られている。

森本の原始農業論は東京考古学会の関係者に受け継がれ、第7章でみる戦後の登呂遺跡発掘にもつながっていくが、実は、考古学界で稲作の石器時代起源を先に語っていたのは山内だった。彼は「石器時代にも稲あり」（一九二五）で、籾跡（もみこん）のある土器の発見にもとづき、石器時代における稲作の存在を指摘し、さらに「日本遠古之文化」（一九三二—三三）でも、「弥生式の時代」には大陸との交渉が生じ、「この土地の住民の生活に至大の影響を及ぼした農業が伝来し、一般化した」と述べていた。

ただ、森本が山内から刺激を受けたのは確実である一方、森本は山内の仕事にはまったく言及していない。しかも、森本は同時期、『考古学』誌上で「依然として日本遠古の文化は内地が一様に縄文系から弥生式系に移ったとの「無邪気な慣用語」に籠って、縦横の論を進める人も少なくないようである」とも述べていた（森本「東日本の縄文式時代に於ける弥生式並びに祝部式系文化の要素摘出の問題」）。原始農業に関する山内と森本の考え方に違いがあることも確かだが、これは明らかに山内の「日本遠古之文化」への揶揄である。少年時代、山内清男に私淑した考古学者・佐原真によれば、「かくして山内は、森本を不倶戴天の敵とみなす」ことになる（佐原「山内清男論」）。

そして本書の立場から見逃せないのが、おそらく森本六爾が「弥生」を「時代」としてとらえた初例であろうという内田好昭の指摘である。内田によれば、森本は一九三〇年一一月に発表した論考（「肥前松浦潟地方に於ける甕棺遺跡と其の伴出遺物」）において、「弥生式文化時代」という用語を用いており、さらに東京考古学会が刊行する『考古学年報』一号（一九三二）の「考古学文献目録」と「考古学界動向回顧」では、「縄文式時代」→「弥生式時代」→「祝部式時代」「古墳時代」→「祝部式時代以降」という呼称が採用されている（内田「用語「弥生式時代」の採用時期とその背景」）。また、縄文土器は日本全国でほぼ同時期に終わると主張していた山内清男も、縄文と弥生を時代差としてとらえていたことは確実であり、「日本遠古之文化」では、「弥生式の時代」といった表現も用いている。

本書でこれまで述べてきたように、戦前日本の人類学・考古学では、石器時代という西欧標準の時代区分が用いられており、「弥生式（文化）時代」という呼称は、あくまでも弥生土器が使用された時期（弥生文化の時期）を意味するにすぎない。内田によれば、戦前の日本考古学では、「弥生式文化」の用例が「弥生式時代」の用例を圧倒的にしのいでおり、「縄文（式）時代」「弥生（式）時代」という呼称が定着するのは戦後のことである。

だが、個々の論者の表現の違いやぶれはともかく、この時期に縄文と弥生を「時代」ととらえる発想の萌芽がみられることの意味は重要である。敗戦後には人類学者も縄文・弥生による時代区分を採用することになるが、その経緯は第８章でくわしく述べよう。

さらに、対立もあったにせよ、弥生文化を水田稲作の起源ととらえる山内と森本の議論は、縄文文化と弥生文化の差を生産手段（食糧生産）の違いと理解するその後の見方の出発点となった。しかも同時期、第3章で触れた禰津正志や、渡部義通（戦後、民主主義科学者協会〔民科〕幹事長、衆議院議員）、和島誠一（筆名：三沢章、のちに東大人類学選科で考古学を学び、戦後、岡山大教授）といった若きマルクス主義者が、エンゲルス流の発展段階説にもとづいて、縄文文化を狩猟・採集経済、弥生文化を農業中心の生産経済ととらえる議論をおこなっていた。

マルクス主義者による古代史研究の内容や山内、森本ら考古学者との関係についてはすでに内田好昭らがくわしく論じているので、ここでは立ち入らない（内田「歴史過程としての先史」）。ただし、思想弾圧が強まるなかで、一九三〇年代末までにマルクス主義者の言論活動は鎮圧されてしまったことだけはここで付言しておこう。ともあれ、一九三〇年代に登場した縄文と弥生を生産手段の違いとしてとらえる見方は戦後復活し、その後長きにわたって考古学を支配することになる。この問題についても第8章で述べよう。

弥生文化の起源――自生か伝播か

森本六爾は一九三六年に亡くなったが、山内清男は、三九年に「日本遠古之文化」に付記した「補注二七」で次のように述べている。ここには、山内にとって森本および彼の影響を受けた東京考古学会の若手たちが仮想敵となっている状況がみてとれる。

弥生式文化における農業の一般化とその意義については第二章の冒頭にも触れて置いたが、当時の学界ではこの点はほとんど閑却されていたのである。弥生式に関して重大視されていたのはむしろ青銅器の問題、漢代文化の東漸などということであったのである。自分はこれに対して生活手段の革新、農業の重要性を指摘した訳である。幸いにして、故森本六爾氏およびその弟子連中の宣伝により、この点は一般に徹底したようである。この点は誠に結構であるが、同氏等が私の所見や辞句を利用して置きながら、典拠を示すことなく、恬然我が物顔しているのは奇怪千万である。

さらに、東京考古学会の若手は「弥生式の本源を北九州あたりに置き、その東方への進出を感激に満ちた調子で叙述する傾向を有しているのが特徴である。自分はかくの如き早発性解釈をしばらくおき、資料の整備をまず心がけたいと思っている」（補注四二）ともいう。先取権（プライオリティ）の問題はともかく、以上の山内の言葉で注目されるのは、「漢代文化の東漸」「弥生式の本源を北九州あたりに置き、その東方への進出を感激に満ちた調子で叙述する傾向」といった文言である。

一九三〇年代に入って以降、森本六爾と小林行雄は、遠賀川式土器の知見にもとづいて、弥生文化は中国大陸から北九州に伝わり、そこから全国に伝播していった、したがって弥生文化への移行には地域によって時間差があるという考え方に立っていた。たとえば森本は、彼が生前最後に書き上げた論考で、「弥生式の文化は、北九州の一部から、九州地方および中国四国西半に、さらに、中国四国および近畿西端に、近畿一般に、伊勢湾沿岸に、……順次伝播したと思われ」と述べている（森本『考古学』）。

繰り返しになるが、それに対して、山内は稲作の大陸由来を認める一方、日本列島各地で弥生文化への移行に大きな時間差はないという立場をとっていた。水田稲作の開始をもって弥生時代の始まりとする、縄文と弥生の時代区分を所与のものにしている現在の目からみると、鎌倉時代まで縄文土器が使われていたかはともかく、稲作技術の各地への伝播に多少の時間差があるのは当然のことであり、縄文から弥生への移行に時間差がないことにこだわった山内は逆に奇異にみえるかもしれない。

むろん、山内も「弥生式文化が西日本において古く、東日本に遅れて到着したることは常識的に認め得る」とも述べている。しかしながら、彼によれば、「この常識は放縦に走ってはならない」のであり、「弥生式文化の地方地方における細別、その地方的交渉関係」については、「我我［編年学派］が試みたような操作をもって調査されねばならぬ」のである。それこそが「考古学の秩序」であると彼は信じていた（山内「日本考古学の秩序」）。

また、山内自身は「弥生式の文物」について「大陸系のもの、縄紋式からの伝統とすべきもの、特有の発達を示すもの」という三者に分けて考えており、「当時の学界で大陸系文物の論議が流行しておった」のに対して、「弥生式の母体は縄紋式にあるという持説」をもっていた（「日本遠古之文化」補注三七）。したがって、山内には、遠賀川式土器に依拠して弥生文化の東漸を語る森本らの議論は、彼の考える「考古学の秩序」に反する存在とみえたのだろう。

だが、山内らが進めた縄文土器の編年が考古学界に大きなインパクトを与える一方で、当時の考古学者の大部分は、弥生文化そのものを大陸由来と考えていた。大塚達朗も指摘するとおり、当時、考古学者のあいだでは、大陸からの影響を小さく見積もり、縄文文化から弥生文化への同時的変化を主張する山内の方がむしろ孤立していたといってよい（大塚『縄紋土器研究の新展開』）。

清野らによる人種交替モデル批判によって、日本列島における先住民であるアイヌに後来の日本人が取って代わったとする単純な図式を保持することは確かに難しくなった。だが、大陸からの文化伝播という見方までもが放棄されたわけではなかったのである。

人種連続モデルと山内清男

それでは、この時期、土器編年を進めた若い世代の考古学者は日本人の起源についてどう考えていたのだろうか。冒頭で述べたとおり、一九三〇年代になると人種に関する研究は人類学者の仕事とみなされるようになっていた。明治期以来、考古学者は「人種論」に拘泥してきたが、一九三〇年代以降、考古学者が起源論を語ることは明らかに少なくなっていく。

たとえば山内清男は「日本遠古之文化」で、「縄文土器の文化圏と、その住民との運命が如何なる関係を持ったであろうか」という問題の解決のためには、なお多くの事実の集積とその吟味が必要であると主張し、さらに「補注五〇」（一九三九）でも、「縄紋式土器文化圏内における住民の消長」については「深入りしないで置くことにした」と述べている。

ただし、山内は「人種論」に完全に沈黙していたわけではない。そうした山内の日本人種論に関する認識が明確に表れているのが、先述した座談会「日本石器時代文化の源流と下限を語る」（一九三五）における次のような発言である。

小金井博士はアイヌを人種の島といわれたが、僕は縄紋式文化圏を文化の島と考えております。そして、この文化圏の一端であった北海道およびその附近にアイヌがおり、反対の端である琉球の住民もしばしばこれに似た体質を持つようにいわれております。この点で、人種的に南とも、北とも続かない訳です。元来の縄紋式文化圏の住民の人種関係はこのようなところから若干想像され得るではないでしょうか。しかし、アイヌといい切るのはいかがかと思う。仮りに縄紋民族とでもいって置いて、地方により、また年代による住民の体質の変化を調べて行くのが順序でしょう。とにかく、縄紋式文化圏――僕はこれをたわむれに縄紋国と称しているが――これとアイヌとの関係が問題です。

先に述べたとおり、山内は「弥生式の母体は縄紋式にあるという持説」をもっており、縄文文化の担い手と弥生文化の担い手のあいだで人種交替があったと考えていた可能性はないといってよい。「縄紋式文化圏の住民」を「アイヌといい切るのはいかがかと思う」とアイヌ説への疑問を呈するのも自然なことである。したがって、彼自身が、第3章冒頭で挙げた「縄紋式以来住民の血も文化も後代に続いているという新しい考説」＝人種連続モデルの枠内にいたのは確実である。

では、山内は人種交替モデル批判を進めた研究者のうち、誰の理論を参照しえたのだろうか。手がかりは少ないが、ここで多少の推測を試みてみよう。

最初に考えられるのが、山内がかつてつとめた東北大の長谷部言人と松本彦七郎だが、結論からいえば、両者とも山内が直接参照した可能性は低い。

まず長谷部が一九一〇年代末に示した仮説ではアイヌ説の批判に主眼が置かれており、主として生体計測のデータから、日本人の祖先には二種類の集団が想定しうるというものであった（第3章）。だが、その後、長谷部は日本人起源論の研究を発表しておらず、ある程度まとまったものは、戦前、日本統治下にあったミクロネシアでの生体計測にもとづく「日本人と南洋人」（一九三五）だけである。第6章以降でみるように、一般に変形説と呼ばれる長谷部の日本人起源論の原型がおおやけにされたのは一九四〇年代前半、広く知られるようになるのは戦後のことである。したがって、先の山内の発言と、この時点での長谷部の日本人起源論の接点は高くない。

次に、初期の山内が松本から影響を受けたのは確かだが、その後、彼の土器編年研究は松本を乗り越えていた。しかも、松本は一九三五年に東北大を強制退職となっており、彼が唱えた、日本が現生人類と文化発祥の地だという説（第3章）も山内にとって受け入れがたいものだった。実際、先の座談会で山内は、松本説について「あれは世界の旧石器時代文化は日本から行った、松島から発祥したという奇抜な説だ。旧石器時代にすでに土器があったと云う、実に面白いですね」と皮肉っている。

したがって、この時点で山内清男がおもに参照しえたのは、消去法的に京大の濱田耕作か清野謙次ということになる。

まず濱田の原日本人説は土器にもとづいているため、山内にとってもっとも馴染みやすいものである。「原日本人」が縄文土器も弥生土器も残したとする濱田の議論は山内の主張とも矛盾しない。ただし、すでに「編年学派」の仕事は、濱田らの土器型式に関する研究を凌駕しており、縄文土器と弥生土器が同じ集団が残したという程度なら、わざわざ濱田に依拠する必要はなかった。

一方、第3章で述べたように、一九三〇年代初頭の時点でもっともインパクトをもった日本人起源論は清野謙次のものだった。しかも、日本各地で発掘した大量の人骨データに依拠する清野説は、「地方により、また年代による住民の体質の変化を調べて行く」という山内の理想（「考古学の秩序」）にもかなっている。

また、「縄紋民族」がかつて暮らした「文化圏」の両端に、現在のアイヌと「琉球の住民」が存在するという山内の説明も、「日本石器時代人」（日本原人）から、周辺地域の「人種」との混血によって現代日本人とアイヌとが分岐したという清野説の構図とほぼ重なるものである。「琉球の住民」については、清野門下の三宅宗悦（むねよし）や金関丈夫（かなせきたけお）が一九二〇年代末から三〇年代初めにかけて、沖縄・奄美で人骨収集と計測調査にあたっており、それらは『人類学雑誌』や『ドルメン』などで報告されていた。以上の状況証拠からみて、山内の発言は、京大の清野説の影響下にあったと考えるのが自然だろう。

縄文／弥生人モデルの登場

だが、ここで注意したいのは、人種交替モデル批判をここまで真っ直ぐ受け止めた山内清男のような考古学者は少数派だったことである。確かに濱田や長谷部、松本、清野らの批判により、縄文土器の担い手を先住民族であるアイヌだと考えることは難しくなった。しかし、かといって縄文土器と弥生土器の使用者を同一の集団（人種）とみなすことにも抵抗がある。こう考える考古学者の方がむしろ多数派だったのである。

それは、先ほどの『ミネルヴァ』の座談会における後藤守一と江上波夫の山内に対する違和感の表明にも表れているが、ここでその後藤が一九二七年に刊行した『日本考古学』の「先史時代民族論」に関する説明をみておこう。本書は、濱田耕作の『通論考古学』に続く考古学の概説書として広く読まれたといわれる。

後藤によれば、これまで先史時代の民族が異民族、先住民族だという考え方はほとんど定説とされてきた。実際、「縄文式土器使用民族」の遺物はその後の原史時代［古墳時代］と「相互の連絡を認め難い程、形の類似を持たないもの」ばかりである。したがって、これを先住民族とみることも可能だろうが、近年進んだ人類学研究の結果はこれを「裏書きするもの」ではないことを示している。また、「弥生式土器使用民族」については、土器も他の遺物も「原史時代人」「古墳時代人」との「連絡」を示すものばかりで、これを先住民族と呼ぶことはできない。

もちろん、先史時代の民族を決定するのは、考古学者ではなく「先史時代人の人骨そのものについて適確なる判断を下すべき人類学者の研究の結果にまつべき」である。だが、「民族はしかく容易に一族を挙げて他に移住するもの」でもないので、大陸の民族移動を連想する前に、「土着性の強さ」を考慮に入れなければならない。かくして、「我々日本人は人種ではない民族であることを予想し得るならば、先史時代人は我々日本人の祖先を示すものであるという想定の下に考察を進めて見るがよい」という。

ここで注目したいのは、後藤が用いている「縄文式土器使用民族」と「弥生式土器使用民族」の対比である。「縄紋民族」は山内も使っていたが、ここで後藤は両者をはっきりと区別している。これは、後藤が先住民族＝アイヌ説を放棄しつつも、縄文土器と弥生土器の担い手は別の集団（民族）だという発想を温存していたことを示している。

そうした後藤の発想がもっともよく表れているが、一九三三年に発表した「考古学から見た建国史」である。概説書である『日本考古学』とは違い、ここには後藤自身の立場が打ち出されている。彼は次のように述べている。

高天原より降臨まして地神三代、日向に都(みやこ)し給い、神日本磐余彦天皇(かんやまといわれひこのすめらみこと)に至って、東征の壮挙に出で給い、大和の賊を平定されて橿原宮に即位の礼を挙げ給い、人皇第一代神武天皇とならせ給うたという一大事実を考古学的立場から見るとしても、東征の御順路とか、平定された賊徒の系統とかいう方面の穿鑿(せんさく)には一歩をも踏み入れることは出来ない。

第6章でみるように、彼は戦時中、記紀に依拠した考古学研究の先頭に立つことになるが、この時点での彼は、神武東征神話を事実とみなす一方、その順路などについて考古学は「穿鑿」することは不可能とみていたことがわかる。それはさておき、ここで後藤は、土器の違いにもとづく「縄文式土器使用民族」と「弥生式土器使用民族」のふたつの「系統」による日本人の形成を次のように語っている。

三千年前近くの時代においては、我が国に二つの大きな文化系統がかなり截然として存在していた。其の一つは日本の土地に早くから住んでいた民族の持っていたものであり、稀薄ながら行きわたっていた。そこへ恐らく北の方からであろうが、新しい文化を持っている民族が侵入して来た。これが北九州から本州中部地方へかけてその居を占め、そこに住んでいた先住民族の一部は北に南にと退転したが、大部はそれに同化されて仕舞った。……そしてわれわれは彼らの生活に使った土器にそれぞれ民族的特徴を認め、前者すなわち先住民族を縄文式土器使用民族、後者を弥生式土器使用民族と仮に呼んでいる。

さてこの先住とか、後から来たとかいう言葉の意味だが、古くから考えられていた如く、先住というのを、先に住んでいた民族であり、後から来たものの侵入によってその全部が退転して行ったというようにとってはいけない。そんな場合も他の国にはあることもあるが、この縄文式土器使用民族と弥生式土器使用民族との関係においては、両者が比較的平和裡に相結び相融けて一団となったものと思われる。

これが人種交替モデルと同根の発想であることは明らかだろう。先住民族である「縄文式土器使用民族」が居住するところに、後来の「弥生式土器使用民族」が「北」からやってきた。明言はされないが、「北」が中国大陸（朝鮮半島）を指すこともほぼ確実である。従来と異なるのは、先住民族がアイヌではなく日本人の祖先であること、そして彼らは追い払われたのではなく、「平和裡」に「融合」したとされていることである。

そして、こうした主張をおこなったのは後藤だけではない。弥生土器の編年体系をつくりあげた小林行雄は、一九三八年に「弥生式文化」と題する論考を発表している。

いつの頃よりかこの島国に移り住み、新石器時代文化としては他に比類を見ないとさえ言われるほどの発達を見せた縄紋式文化が、いよいよ華やかな終幕の演奏にうつろうとする頃であった。東亜の大陸に湧き昂まりつつあった文化の新なる動力は、ついに溢れ出でて海を隔てたこの国土にも流れ入って来たのである。……古来わが国の恵まれたる風土を愛した人は数限りなく、歌によみ、絵にうつして賞するはいうに及ばず、あらゆる日本的なるものの根元をもここに求めて理解しようとした試もしばしばあったが、そうした見方からすれば、ありし日の弥生式文化人こそは誠に讃えらるべき人々であった。それまでは、ただ山幸海幸に栄ゆる島々として人々の生活を抱き守って来たこの風土を、新しき眼もて開き広め、打ち下す一鍬一鋤に豊葦原瑞穂国(とよあしはらみずほのくに)と呼ばんにもふさわしき国土を作り上げたのはまさにこの人々であった。これを新しき国土創成といわずして何と呼ぶべきか。

この論考は現代にいたる弥生研究の出発点とも評されているが、小林が「弥生式文化人」の渡来を想像していたことは明らかだろう。むろん、彼も「人種論」と一線を画することを忘れていない。「果してそのような人々が何処よりか移り来たったものか、あるいはただ文化のみが、智恵のみが伝わり及んだものであるのか、それをさえ考古学では一応疑って見ねばならない」のである。

それはともかく、現代に通じる日本文化の担い手は「弥生式文化人」であり、「縄紋式文化」とは異なる新しい文化を日本にもちこんだという小林の了解もまた、人種交替モデルの延長線上にある。小林行雄においても、土器の差異を集団の違いに結びつける発想自体が否定されたわけではなかったのである。

ただし、後藤であれ小林であれ、縄文人から弥生人へと日本列島の支配者の交替があったとはとらえていない。後藤の言葉に明らかなように、そこでは闘争よりは平和裡の融合（「相融けて」）に重点が置かれ、縄文人と弥生人の両者が日本人の起源を構成するという構図が示されている。

そこで本書では、こうした発想を人種交替モデルと区別して、縄文／弥生人モデルと呼ぶことにしよう。この時点では、縄文人と弥生人の融合という構図が考古学者に広く共有されたとはいえないが、のちにみるように、アジア太平洋戦争中、同様の主張は確実に考古学者のあいだに広がっていく。そして戦後には、人類学者もまた縄文人と弥生人の融合を語るようになるのである。

さらにここで見逃せないのが、小林が用いる「豊葦原瑞穂国」「国土創成」といった表現である。実は一九三〇年代後半、人類学・考古学の世界には再び神話の世界が影を落とすようになっていた。実際、かつて考古学は文献（記紀）に依拠すべきではないと述べていた濱田耕作でさえ、一九三八年には「大陸渡来の新文化に浴したる九州におった日本人は、我が皇室の祖先に率いられ近畿地方へ進出し、このconsolidationを企てられたのが、神武天皇の東征」と述べている（濱田「日本の民族・言語・国民性及文化的生活の歴史的発展」）。

では、縄文・弥生をめぐる人類学・考古学研究は、皇国史観が跋扈（ばっこ）したといわれる戦時中どのように変貌したのか。だが、その前にもうひとつ考えてみたいことがある。それは縄文・弥生土器の編年研究と同時期、盛んになった日本の旧石器時代に関する研究と日本人起源論の関係である。

第5章　日本に旧石器時代は存在したか

我が日本において、この人類最古の文化の階段である旧石器時代ないしはその次ぎの中石器時代と称すべき時代の遺物は発見せられているかというに、現在までにおいてはその確実なるものを有していないというほかはないのである。……支那の北方から東北方にかけて、ごく古くから人類の棲息が証明せられ旧石器時代の文化の存在が明かとなって来たのであるから、第三紀以後日本群島が現在の如く存在し、あるいはまたある一部が大陸と接続しておったと考えられ、ステゴドンその他旧石器時代に繁栄した動物の化石が、続々と発見せられている処から見るならば、当然人類の文化がさらに一歩東して日本群島に跡を留め得なかったとは誰が断言し得ようか。私はこれらの点からして日本における旧石器時代文化の必無を断言するよりは、発見の可能性を信ずる方が穏当であることを思うものである。

（濱田耕作「日本原始文化」一九三五）

化石人類の発見と人類起源論

ここまでみてきたように、戦前の日本には縄文時代、弥生時代という区分は存在せず、石器時代という呼称が用いられていた。だが、石器時代の日本列島に暮らし、骨や土器（石器）を各地に残したのが先住民族であれ、日本人の祖先であれ、彼らはどこからか日本列島に渡ってきたはずである。では、新世代の研究者による人種交替モデル批判が進められた時期、人類（人種）の起源や進化をめぐる問題はどのように考えられていたのだろうか。

実は一九世紀後半から二〇世紀前半は、今でもよく知られる化石人類が次々と発見された時代であった。一八五六年のドイツ・ネアンデル渓谷におけるネアンデルタール人を皮切りに、一八六八年の南仏クロマニョン洞窟におけるクロマニョン人、一八九一年のインドネシア・ジャワ島におけるジャワ原人（頭蓋骨、大腿骨）、一九〇七年のドイツ・ハイデルベルク近郊におけるハイデルベルク人（下顎骨）、さらに一九二九年の中国・周口店（しゅうこうてん）における北京原人（頭蓋骨）の発見が続く。

当然、日本の研究者も、海外の化石人類に関する情報を知悉していた。人類学会の機関誌にも、第一巻（六号）に掲載された神保小虎（地質学者）の「人類の始」（一八八六）を嚆矢として、人類の起源・進化に関する報告がたびたび掲載されている。たとえば一九〇五年には小金井良精が「原始人類の話」で、ネアンデルタール人とジャワ原人を中心に人類の進化に関する解説をおこなっており、さらに一九一〇年代後半以降、海外の発掘調査に関する記事の頻度は急増する。

ただし、これらの化石人類の正体をどう考えるかについては、西欧の人類学者もはなはだ危うい知識しかもっていなかった。たとえば、ネアンデルタール化石について、ドイツの病理学・人類学の指導者フィルヒョウ（ウィルヒョー、Rudolf Ludwig Karl Virchow）は、病気によって変形した現生人類（老人）の骨だと主張していた。また、二〇世紀初頭、イギリス・サセックス州で「発見」された、いわゆるピルトダウン人の頭骨ものちに完全な捏造であることが判明する。

さらにここで注意したいのは、単一起源説と多地域進化説の存在である。周知のように、現在、現生人類についてはアフリカ単一起源説が定説となり、出アフリカを果たしたホモ・サピエンスの祖先が全世界に拡散する一方、現生人類以外のホモ属（ネアンデルタール人、ホモ・エレクトスなど）は絶滅したと考えられている。だが、一九八〇年代頃までは多地域進化説の方がむしろ有力であり、それぞれの地域で原人から新人（ホモ・サピエンス）に進化したと考える研究者は多かった。

また、人類起源の地については、ダーウィン（Charles Robert Darwin）らが唱えたアフリカ起源説よりアジア起源説の方が有力と考えられていた。たとえば、テナガザルを人類の祖先と考え、東南アジアで人類の祖先の化石が発見されるだろうというドイツの動物学者ヘッケル（Ernst Heinrich Philipp August Haeckel）の予想にしたがって、オランダの解剖学者デュボワ（Marie Eugène François Thomas Dubois）は単身ジャワに向かい、ジャワ原人を発見したといわれる。その後もアジア起源説の支持者は多く、一九二一年から三〇年にかけて、アンドリュース（動物学者・探検家、Roy Chapman Andrews）率いるアメリカ自然史博物館が中国とモンゴルで計四回実施した中央アジア探検調査は、人類や哺乳類の起源の地を中央アジアに求めたアメリカの古生物学者オズボーン（Henry Fairfield Osborn）の仮説にもとづくものだった。

実際、一九二〇年代後半以降、日本で出版された人類学の概説書（長谷部言人『自然人類学概論』一九二七、清野謙次・金関丈夫『人類起源論』一九二八、松村瞭・赤堀英三『最古の人類と文化』一九三〇、松村瞭『化石人類』一九三三など）をみても、人類の起源や進化については、世界各地で発見された化石人類を羅列するか、海外の研究者のさまざまな仮説を紹介するだけで、化石人類から現生人類にいたる人類進化のプロセスに関する定説はいまだ存在しなかったことがよくわかる。

では、こうした海外における化石人類の発見や人類の起源・進化に関する知見は、本書の主題である日本人の起源をめぐる研究とどのような関係をもっていたのだろうか。

黎明期の旧石器時代研究

そもそも日本列島における人類の生息はいつ頃始まるのか。これは現在でもなお未解決の問題である。第1章で述べたとおり、明治期には、さしたる根拠のないまま日本列島の石器時代は三〇〇〇年前という想定もおこなわれていた。

実際、戦前の日本では、日本列島の石器時代は新石器時代以前にはさかのぼらないと考えるのが常識だったといわれる。たとえば、戦前には縄文文化の遺物遺跡を発掘する際、関東ローム層の赤土に達するとスコップを置き、発掘をやめるのがならいだったという。当時は関東ローム層のもとになった火山灰が降り注ぐなかで人類が生息するのは不可能と考えられていた。こうした「定説」を覆したのが、一九四六年の相沢忠洋（あいざわただひろ）による群馬県・岩宿（いわじゅく）遺跡の発見だったというわけだ。

ただし、これが少々単純化された説明であることはいうまでもない。

戦前日本における旧石器時代研究の先駆といわれるのが、第1章で触れたイギリス出身の考古学者マンローである。彼は一九〇五年、神奈川県の早川・酒匂川流域で旧石器に似た石器を発見し、主著『先史時代の日本』（一九〇八）で報告した。現在、これらの石器は所在不明となっているが、マンローはイギリスで旧石器を発掘した経験もあったらしい。マンローが来日したのはジャワ原人発見が大きな話題となった一八九一年（五月）のことだが、彼は、人類起源の地がアジアであれば日本列島に原人が到達していた可能性があると考えていたともいう（横浜市歴史博物館『N・G・マンローと日本考古学』）。

また、第3章で取りあげた京大考古学教室の国府遺跡発掘（一九一七年）のきっかけは、現地で発掘された石器にヨーロッパの旧石器と似ているものがあるとの指摘があったからだった。発掘調査の結果、濱田耕作は旧石器ではないと結論づけるも、本章冒頭に掲げた一文からも明らかなように、彼は日本列島における旧石器時代の存在を完全に否定したわけではない。なお、濱田や京大関係者は、一九三一年に発見された、いわゆる明石人骨についても否定的な評価を与えているが、そのことについてはあとで述べよう。

そして、ここで注意しておきたいのは、戦前の日本考古学において、旧石器かどうかの厳密な判断はそもそも困難だったということである。

前章で述べたように、若手研究者の主導により、土器の編年研究は一九三〇年代に急速に進むことになった。縄文土器については山内清男による全国の「縄紋土器型式の大別と細別」（一九三七）、弥生土器については小林行雄による詳細な実測図を付けた『弥生式土器聚成図録』（正編、一九三八）がその達成である。

こうした土器研究の進展とは対照的に、戦前の日本では石器に関する研究はあまり進まなかったといってよい。むろん、明治期から、ヨーロッパの石器に関する知見は紹介されており、一九二〇年代に入ると、西欧で旧石器研究を直接学ぶ大山柏のような研究者も現れた。また三〇年代には、八幡一郎らが土器編年の進展をふまえて、石器の編年を作成する試みも始めている。

だが、総じていえば戦前日本の石器研究の水準は高くなかった。実際、戦前の石器研究では、資料紹介と単純な器種・形態の分類がおこなわれるだけで、江戸時代と変わらない粗雑な実測図と不鮮明な写真が使用され続けたという（大工原豊ほか編『縄文石器提要』）。これは、多種多様な形態をもつ土器や土偶に比べ、石器の型式を判断することが困難だったことにくわえ、遺物として石器が地味な存在だったこともかかわっているだろう。

北京原人の発見

しかし、一九二〇年代後半、中国で化石人類（北京原人）や旧石器発見の報告が相次ぐことで、日本の人類学・考古学関係者は旧石器時代への関心を急速に高めていく。

まずは中国で北京原人が発見される経緯を確認しておこう。中国の化石人類発見史は、スウェーデン出身の地質学者アンデショーン（アンダーソン、Johan Gunnar Andersson）が中国政府の鉱物資源調査顧問として招かれた一九一四年に始まる（松崎寿和『北京原人』、赤堀英三『中国原人雑考』）。

アンデショーンは中国各地で資源調査を進める一方、次第に化石人類の発見に情熱を抱くようになった。一九二一年、彼は、助手の古生物学者ズダンスキー（Otto Zdansky）とともに北京（北平）近郊の周口店を訪れる。古くより中国では動物の化石は竜骨と呼ばれ、漢方薬の材料として珍重されていたが、周口店は竜骨の産地として知られていた。

現地を視察したアンデショーンは、化石人類が埋蔵されている可能性が高いと判断し、ズダンスキーに発掘を指示する。ズダンスキーはあまり化石人類には関心をもっていなかったようだが、一九二三年、彼が掘り出した出土品のなかから二個の人類の臼歯（きゅうし）が確認されることになる。

一九二六年一〇月に北京で開催されたスウェーデン皇太子夫妻歓迎科学会でアンデショーンはズダンスキーの発見した臼歯を紹介し、一一月にはカナダ人解剖学者で北京協和医学院教授をつとめるブラック（Davidson Black）が『ネイチャー』誌にこの臼歯の報告を発表することで世界的な注目を集めることになった。翌二七年、ロックフェラー財団の援助を得て、中国地質調査所は協和医学院と協力し、周口店の本格的な発掘を開始する。新たな臼歯が発掘され、ブラックは、シナントロプス・ペキネンシス（中国原人北京種）と命名した（現在はホモ・エレクトス・ペキネンシス）。

しかもこの時期、中国で旧石器時代の発掘がおこなわれたのは周口店だけではなかった。先述したように、一九二一年以降、アメリカ自然史博物館が実施した中央アジア探検調査は人類の起源の地を探ることも目的としていた。また、フランス出身のイエズス会士・地質学者テイヤール・ド・シャルダン（Pierre Teilhard de Chardin）らは、中国各地で旧石器時代の遺跡を発掘し、内モンゴルのオルドス地方で化石人骨や旧石器を発見していた（アクゼル『神父と頭蓋骨』）。

その後、アンデションーンはスウェーデンに帰国するが、一九二九年には協和医学院内に新生代研究所が創設され、中国人地質学者・翁文灝（おうぶんこう）が所長、ブラックが名誉所長、さらにテイヤール・ド・シャルダンが名誉顧問に就任した。こうして、大規模な発掘調査が始まり、同年一二月二日、若き古生物学者・裴文中（はいぶんちゅう）により完全な頭蓋骨が発見され、この日が公式に北京原人発見の日とされている。

一九三四年にブラックは急死するが、その後、新生代研究所の責任者（協和医学院客員教授）を継いだのがワイデンライヒ（Franz Weidenreich）であった。ワイデンライヒは、ネアンデルタール人の研究で知られるドイツ・シュトラスブルク大学のシュワルベ（Gustav Albert Schwalbe）のもとで学び、シュトラスブルク大学、ハイデルベルク大学教授を歴任した、当時、国際的に有名な人類学者であった。

だが、ワイデンライヒはユダヤ人であるために、ナチスに追われて一九三五年にアメリカに亡命。しばらくシカゴ大学の解剖学客員教授をつとめ、数ヵ月後にブラックの後任として北京に赴任、その後の北京原人研究をリードすることになる。なお、同じシュワルベのもとで学んだ京大医学部の足立文太郎とは兄弟弟子にあたる。

北京原人の衝撃

中国での発掘調査の情報は、さほどタイムラグなく日本の人類学者、考古学者にも伝えられていた。先述のとおり、人類のアジア起源説は有力な仮説と考えられていた当時、中国での発掘の進展は、日本列島における旧石器時代の遺物発見への期待につながっていく。

たとえば清野謙次は、一九二七年、雑誌『民族』に発表した「日本石器時代に関する考説」で、先述したアメリカの探検調査隊の成果に触れつつ、次のように述べている。

西比利亜（シベリア）および蒙古地方の先史考古学が近来漸次開明せらるるにつれて、旧石器時代の遺跡および遺物が同地方に存在することが漸次明らかにならんとしつつある。ことに近年蒙古地方に活躍せる米国探検隊の消息を Andrews 氏の著書を通じてうかがうと、蒙古地方における旧石器時代人民の存在はほとんど疑う余地がないようである。

清野によれば、「旧石器時代の日本はただ動物だけ住んでいた無人島だったと全然あきらめをつけている人が少なく無い」が、日本の南北で「古式縄紋土器」の形状・紋様が類似していることは、かなり古い時代に「同一文化系統住民」がいたことを物語っている。「縄紋土器使用以前、既に日本に住民があって、これが縄紋土器を使用するに至った事を事実上立証し得れば、一番無理が無い説明」である。したがって「縄紋土器使用以前に既に日本に住民のあった事、そして多分将来日本にも旧石器時代人が生存していた跡を発見し得る希望がある事」が信じられるという。

また第3章でみたように、一九三〇年代初頭には、東北大の松本彦七郎は、日本列島における旧石器時代を認めるどころか、日本を現生人類と文化の起源の地ととらえる議論もおこなっていた。松本の主張は同時代の人類学者、考古学者からほとんど無視されたが、おそらく彼も北京原人発見のニュースは知っていただろう。

そして、この時期、日本の人類学者で海外の化石人骨の動向にもっとも高い関心をもっていたのが、東大人類学教室の松村瞭だった。一九二七年以降、松村は北京のブラックと連絡をとりながら、『人類学雑誌』などに何度も周口店での発掘調査の報告を出している。

また、急死したブラックの後任者であるワイデンライヒは、一九三六年四月、東京人類学会・日本民族学会の第一回連合大会に招かれ、東大で招待講演をおこなっている（"Sinanthropus pekinensis as a Distinct Primitive Hominid"）。多地域進化論者であるワイデンライヒは北京原人が中国人の祖先だと考えており（ワイデンライヒ『人の進化』）、彼の講演は日本の研究者の大きな関心を集めただろう。

こうした中国における発掘の進展は、当然日本列島における旧石器時代の証拠発見への期待を高めることになった。本章冒頭に掲げた濱田耕作の論考もそのひとつである（「日本原始文化」一九三五）。濱田によれば、この十数年、オルドス地方など中国各地で旧石器時代の遺物遺跡の発見が相次ぎ、周口店では、世界最古の人類の遺骨と考えられる「シナントロプス」の発見もあった。こうした理由にもとづき、彼は「日本における旧石器時代文化の必無を断言するよりは、発見の可能性を信ずる方が穏当」と考えたのである。

ちなみに、日米関係の悪化にともない、一九四一年四月にワイデンライヒは亡命先であるアメリカに戻ったが、アジア太平洋戦争開戦時の混乱のなか、日本軍が接収した協和医学院（新生代研究所）に保管されていた北京原人の人骨は行方不明となってしまう。詳細は省くが、一九三六年に松村瞭が急死したあと、東大人類学教室の責任者を引き継いだ長谷部言人も四二・四三年夏、行方不明となった人骨捜索を目的に、新生代研究所や周口店を訪れており、この件で敗戦後にGHQの取り調べを受けることになった。人骨の行方については、その後さまざまな推測がおこなわれたが、今なおその所在は不明である（春成秀爾「北京原人骨の行方」）。

直良信夫と「明石原人」

このように、中国での旧石器時代遺物の発掘が大きな話題となっていた一九三〇年代初頭、在野考古学者である直良信夫が兵庫県明石市の海岸で「発見」したのが、明石人骨（「明石原人」）にほかならない。直良の生涯と明石人骨をめぐる研究史については春成秀爾が詳細に跡づけているので、ここでは主として春成に依拠しながら、その経緯を確認しておこう（春成『「明石原人」とは何であったか』）。

一九〇二年、大分県北海部郡臼杵（うすき）町（現・臼杵市）に生まれた直良（旧姓村本）信夫は、家庭が貧しいため尋常高等小学校で進学を断念したが、その後上京し、岩倉鉄道学校工業化学科（夜間部）に学んだ。農商務省臨時窒素研究所に勤務後、考古学に関心をもつようになったものの、結核を罹患し、研究所を退職。二三年に臼杵への帰省途中、小学校時代の恩師・

直良音（当時、姫路高等女学校博物学教諭）と再会し結婚、妻の収入に頼りつつ、結核療養のかたわら、在野考古学者としての活動を本格的に開始する。この時期、少年時代の小林行雄が直良から考古学の指導を受けていたことは第4章で述べた。

明石人骨をめぐる騒動後の一九三二年、直良は再び上京し、早稲田大学の徳永重康（地質学・古生物学者）の私設助手をつとめながら、主として古生物学の研究をおこなった。三三年には徳永を団長とする満蒙学術調査研究団にも参加している。四〇年に徳永が急死するも、直良はそのまま大学に残り、助手、講師などを経て、一九六〇年、早稲田大学教授。大学勤務中から動物学、考古学関係の一般向け読み物を数多く執筆し、アジア太平洋戦争中には後述する日本古代文化学会の活動にも深くかかわっている。八五年、死去。（図5－1）

さて、一九三一年四月一八日、当時ひとりで「直良石器時代文化研究所」を主宰しながら研究活動をおこなっていた直良信夫は、明石市西八木（にしやぎ）の海岸で古い人骨の一部（左寛骨＝腰骨）を拾う。現地は獣骨の化石がみつかることで知られており、直良は二七年に旧石器と推定される石片を同じ海岸の砂礫（されき）層から発見していた。その後、直良は、化石人類が発見される期待をもって現地調査を続け、人骨発見にいたったわけである。

数日後、直良は東大の松村瞭に人骨発見を手紙で知らせ、鑑定のため、現物は松村のもとに届けられた。先述したとおり、当時松村は学界に周口店の人骨発見を紹介する記事を盛んに書いていた。そうした松村が明石人骨に興味をもつのは当然であり、六月初めには現地調査を実施する。また、直良に知らせず、精巧な石膏模型も作成していた。

直良による人骨発見のニュースは、五月には『大阪朝日新聞』で「三、四十万年前の人体の骨盤現る」という記事で報道され、人類学・考古学関係者に衝撃を与えた。その後、松村ら東大関係者だけでなく、京大の金関丈夫（当時、医学部解剖学助教授）らも直良の案内のもと、現地調査に赴いている。金関については第8章でくわしく述べよう。

だが、現地調査を実施した人類学者、考古学者の評価は総じて否定的であり、当初人骨は旧石器時代のものだろうと肯定的な評価を与えた松村も、その後、慎重な姿勢に転じた。これには、小金井良精ら有力者から慎重にせよと注意を受けたこともかかわっているらしいが、おおむね翌年には明石人骨をめぐる喧噪も落ち着くことになる。

個々の反応の違いはともかく、当時の人類学者、考古学者が明石人骨に対し否定的評価を下した理由として、次のような点が指摘できる。

図5-1　直良信夫

（一）人骨が地層からの発掘によって得られたものではなく、その地層年代がさだかではなかったこと。

（二）その後の発掘調査において、化石人骨はもちろん、関係のありそうな遺物が発見されなかったこと。

（三）発掘報告者である直良が当時駆け出しのアマチュア考古学者であったこと。

先にみたとおり、中国での発掘の進展により、日本列島でも旧石器時代の存在が証明されることへの期待は確実に高まっていた。だが、冒頭の濱田の言葉にあるように、直良の報告だけでは、「我々がその確実なるものを全く有していない」というほかなかったといってよい。

当然、これは濱田だけの認識ではない。たとえば、第4章で触れた『ミネルヴァ』誌の座談会「日本石器時代文化の源流と下限を語る」では、直良の報告に対して、山内清男が「今までで一番条件を揃えて報告されたのはやはり直良君の例でしょう」と期待を寄せつつ、最終的に江上波夫が「要するに今日のところ、日本に旧石器時代存否の問題を論議するまでに考古学の段階が進んでいない」と総括している（江上ほか「座談会 日本石器時代文化の源流と下限を語る」）。

むろん、これは直良にとっては不本意な結果であった。直良は五年後、『ミネルヴァ』に寄稿した「日本の最新世と人類発達史」（一九三六）で、かつて自らが発見した人骨を一枚の写真とともに紹介するだけで（図5－2）、上京後は化石人類の研究からいったん遠ざかることになる。その論考で、直良は内心の無念さを押し殺すように、次のように記している。

色々と御心配を送られた学界の諸士に対して、私は私自身が自分の手で正しく礫層中から発掘し得なかった不覚を詫びるものではあるが、あらゆる視角から眺めて、礫層中に含蔵せられていたものである事は、何ら疑う余地のないものである事をこの機会に強く述べて置きたいのである。

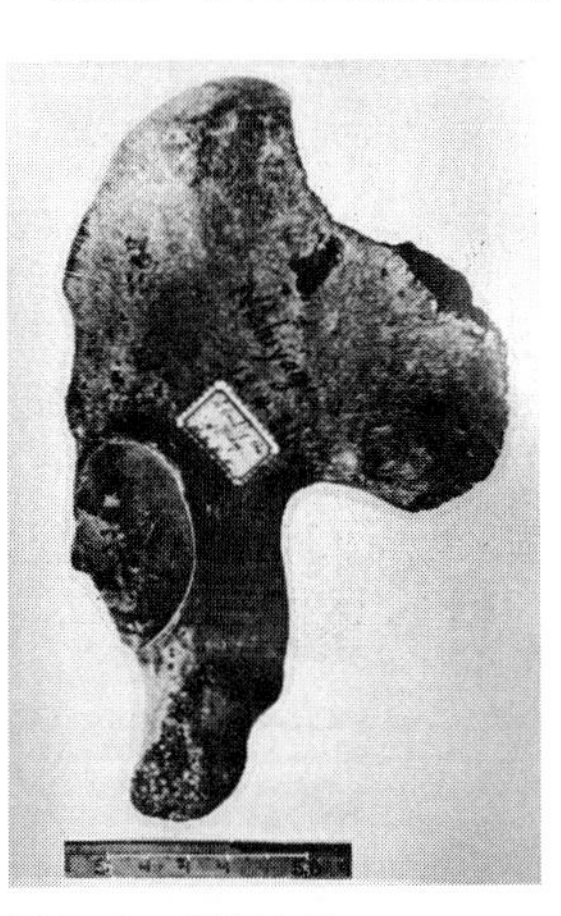

図5-2　**明石人骨**

その後、明石人骨はさらに数奇な運命をたどった。慎重に保管するようにという松村瞭の一筆とともに返却されたその骨は、一九四五年の東京大空襲で直良の自宅とともに焼失してしまう。しかし、人類学教室に保管され、松村の急死とともに忘却されていた石膏模型は日本敗戦後、長谷部言人によって「再発見」され、再び波紋を呼ぶことになるのである（第8章）。

人類起源論と日本人起源論

以上ここまで、主として一九二〇年代後半以降の日本と海外の旧石器時代の遺物に関する研究を概観してきたが、本章で取りあげた化石人類をめぐる研究は、本書の主題である日本人起源論にどのような影響を与えたのか。化石人類の発掘の進展によって、日本人種論は新たな段階へと進んだのだろうか。

だが結論からいえば、日本人の起源をめぐる議論は、中国さらに世界各地で発見されていた旧石器時代の人骨や石器に関する知見と直接結びつくことはなかった。すなわち、長谷部、清野、濱田といった、人種連続モデルに立つ人類学者、考古学者は、国内外における旧石器時代研究に大きな関心を寄せながらも、これらの知見を日本人の起源をめぐる問題と関係づけて論じることはできなかったのである。

先にみたように、一九二七年に清野謙次は、彼のいう「日本原人」（新石器時代あるいは縄文土器使用の人種）以前の旧石器時代人の存在が証明されることへの期待を述べていた。だがその後、彼の旧石器時代人発見への期待は後退していく。たとえば三二年、「岩波講座生物学」の一冊として刊行された『日本石器時代人類』で清野は次のように述べている。

> 欧州旧石器時代に見るところの動物化石は日本各地に出土するが、同時代に生存したと思われる人類の骨格も、石器も未だ出土しない。恐らく洪積紀（こうせきき）［更新世］の日本国はただ動物のみ棲息するところの無人島だったらしい。それがいつとは無しに人類が日本列島に住居するようになったのは氷河期時代以後のことであつた。そして今より約二千五百年前に日本の歴史が存在するようになった時には、既に日本の津々浦々到るところに住民があったのを見ると、それより数千年前あるいは万年以前に人類は日本に渡来して、漸次全国に分布したものらしい。

もちろん、この発言には、直良の発見した明石人骨が否定的評価に終わった当時の学界状況が反映している。春成によれば、清野謙次は戦前から直良と親しく、彼を個人的に激励していたというが、そうした清野であっても明石人骨を旧石器人類のものと断定することは難しかったのだろう。

そして、化石人類と現生人類の関係について、人類学者のあいだでもコンセンサスが成立していなかった当時、たとえば北京原人の報告に注目したとしても、それを日本人起源論と接続することは難しかった。清野の場合、彼が日本全国で収集した大量の人骨の計測をもとにその日本人種論は構築されていた。そうした理論と数少ない海外の化石人骨のデータを結びつけることはそもそも不可能だっただろう。

さらにここで注意したいのは、清野の発言のなかに登場する「約二千五百年前に存在するようになった日本の歴史」という言葉である。当然、これは紀元二千六百年という日本国家の「正史」が語る数値をふまえたものである。

本書でこれまでみてきたように、日本の人類学・考古学は草創期以来、建国神話との緊張関係をはらみながら進められてきた。そこで導き出されたのが、たとえば明治期に坪井正五郎が示した、石器時代は三〇〇〇年前という数値であった。その後、大正期に入ると、記紀の自由な解釈、あるいは記紀とは独立な日本人起源論の構築の試みも進められたが（第3章）、実際には日本人種論と国家の「正史」の緊張関係が解消されたわけではない。

たとえばヨーロッパに留学し、一九二四年から大山史前学研究所を主宰していた大山柏（第4章）が『史前学雑誌』に発表した「史前学と我神代」（一九三一）は、神代研究が扱うのは文献、史前学の扱うのは「発掘調査報告」であると、資料の違いにより両者は「関係縁故」をもたないといいつつ、「史前学や原史学上から、我神代史に触れるような場合には、予め慎重なる考慮と用意とがあって欲しい」と述べている。多くの人類学者、考古学者は、このような石器時代（研究）と建国神話のダブルスタンダードのなかで発掘調査を進めてきたのである。

　むろん、そもそも化石人類は建国神話が届かない世界である。国家の「正史」とはいえ、神武天皇以前の「神代史」も、海外で発見された化石人類や日本列島の地質年代に関する知見を否定できたわけではない。そんなことをすれば、地質学、古生物学などの自然科学の研究さえ不可能になっただろう。

　だが、明石人骨の評価はどうであれ、おそらく戦前日本で旧石器時代の研究はいずれ行き詰まらざるをえなかっただろう。実際、建国神話を強く意識せざるをえず、従来のダブルスタンダードが通用しがたい時代はすぐそこまで近づいていた。こうして日本人起源論と人類起源論のあいだに横たわる懸隔を埋められぬまま、人類学者、考古学者は、一九三〇年代末以降、再び記紀に大幅に依拠して日本人の起源を語るようになる。そして四〇年代前半には、「神代史」を考古学的に跡づけようとする国家プロジェクトさえおこなわれることになるのである。

第6章　アジア太平洋戦争と縄文・弥生研究

日本人は悠遠なる太古より日本に住したるものと信ぜらる。高天原の所在は今より窺知すべからずといえども、日本以外にあると言うは日本になきを前提とする想像にすぎざるなり。日本が既に洪積世の末において気候人類の生活に適したることは、当時各種原生獣類の棲息によって明白なりをもって恐らく日本人は同世より日本に占住したるものと信ぜらる。ただし、未だ人跡を確認するに至らざるのみ。……しかるに後年、渡来韓人漢人等を容れて混血を生じたる事態あるに拘泥して、日本人をもって自ら混血民族なりとするが如きは謬見もはなはだしく大東亜建設の方針に悪影響を及ぼすべし。

（長谷部言人「大東亜建設ニ関シ人類学研究者トシテノ意見」一九四三）

人類学・考古学と皇国史観・大東亜共栄圏

冒頭に掲げたのは、一九四三年、企画院から求められ、長谷部言人が提出した「大東亜建設に関する意見答申」の冒頭の一節である。ここで長谷部は、天孫降臨の出発点である高天原に触れる一方、日本人の祖先は洪積世［更新世］（約二五八万年前から一万年前）の時代から日本列島に暮らしており、まだその証拠がみつかっていないだけだと語っている。しかも、彼によれば、日本人を混血民族とするのは誤りで、こうした考え方は大東亜建設に悪影響をもたらすという。

第3章でみたように、長谷部は一九一〇年代後半からアイヌ説＝人種交替モデルの批判をおこなっていた。だが、その頃の彼は日本人の混血性自体は否定しておらず、記紀神話についても語っていなかったはずである。それからおよそ四半世紀の時を経て、日本人の起源に関する長谷部の考え方はここまでの変容を遂げていた。

もちろん、ここで長谷部は政府機関に対して回答しているにすぎない。だが、それでは当時の政治状況は人類学者や考古学者に何を求め、彼らはそれにどう応えようとしたのか。本章では、こうした問題について、戦時下の日本で浮上した、皇国史観と大東亜共栄圏（大東亜建設）というふたつの政治的課題に焦点をあてながら考えてみたい。戦時下における縄文・弥生に関する認識と政治との関係を考えるのがここでの主題となる。

まずは皇国史観と大東亜共栄圏について、基本的な事柄を確認しておこう。

皇国史観は、戦前・戦中の国家主義的な歴史観を呼ぶとき一般的に用いられてきた用語である。だが近年の歴史研究は、戦前の右翼思想や国家主義思想の多様性を明らかにするとともに、皇国史観という概念の曖昧さを指摘している。たとえば長谷川亮一によれば、皇国史観という用語は、一九四〇年代初頭から散発的に使われ出し、文部省編纂による『国史概説』が刊行される前年の四二年夏頃から、文部省も積極的に用いるようになったという（長谷川『「皇国史観」という問題』）。

それよりさかのぼる一九三五年二月、貴族院本会議における菊池武夫議員の演説をきっかけに、軍部、野党による天皇機関説への攻撃が始まり、当時の岡田内閣は、天皇が統治権の主体であるとする国体明徴（めいちょう）声明を出すことを余儀なくされた。これにより、従来政府が認めてきた天皇機関説は禁止され、さらに翌三七年、文部省は近代天皇制を記紀における天孫降臨の神勅で基礎づける『国体の本義』を刊行する。

『国体の本義』は全国の学校、教化施設、教師などに広く配布され、敗戦時までに三〇〇万部近く発行されたといわれる。その後、文部省は教学局に臨時国史概説編纂部を設置し、国体史観にもとづく新たな国史概説書である『国史概説』を刊行する（上巻一九四三、下巻四四）。これらの編纂には、第3章で取りあげた和辻哲郎もくわわり、四二年に『国史概説』の姉妹編として『大東亜史概説』の編纂も始まった（戦争激化のため未刊）。

一九三〇年代からマルクス主義者やそのシンパと目された人びとに対する弾圧は強まっていたが、ここで見逃せないのが、津田左右吉に対する言論弾圧事件である。三九年、津田が東大法学部に講師として招聘されたことを契機に、紀元二千六百年祝典（後述）の趣旨に反するなどとして、三井甲之、蓑田胸喜らの原理日本社は津田の日本古代史研究への攻撃を開始する。津田は、翌四〇年に早稲田大学教授の辞職に追い込まれ、主要著書も発禁処分となった。

一方の大東亜共栄圏という用語は、一九四〇年七月、第二次近衛内閣が決定した基本国策要綱における「大東亜新秩序の建設」という表現に由来し、松岡洋右外相の談話から一躍流行語となった。アジア太平洋戦争開戦後の四二年一月、衆議院での東条英機首相による「大東亜の各国家各民族をして各々その処を得しめ、帝国を核心とする道義に基く共存共栄の秩序を確立せんとする」という説明が有名である。

ここで注意したいのは、大東亜共栄圏構想は欧米の「帝国主義」への思想的対抗として打ち出されたものでもあったことだ。現在の目からは欺瞞に満ちたものとはいえ、大東亜共栄圏は、欧米の軍事力にもとづく侵略や植民地支配などとは別物でなければならなかった。かくして一九四〇年代前半には、多くの研究者が、大東亜共栄圏を理論的に支えるため、さまざまな言論活動を進めることになったのである。

ではこのような政治状況のもと、日本の人類学者、考古学者は、骨や土器をめぐってどのような活動をおこなっていたのだろうか。まずは、かつてアイヌ説＝人種交替モデル批判の主唱者だった長谷部言人と清野謙次からみていこう。

長谷部言人の混血否定論

長谷部言人は一九三八年、東北大医学部から東大理学部に異動し、人類学教室の教授に就任した。翌年には長年の懸案だった人類学科が開設され、初めて選科生ではない学生も誕生する。講義では長谷部が総論・生体・骨学を担当し、彼は日本人類学の第一人者と目されるようになっていた（寺田和夫『日本の人類学』）。

そうした長谷部は一九三九年一一月に「太古の日本人」と題するラジオ講演をおこなっている。「今年は紀元二千六百年[ママ]になります」という言葉で始まるこの講演には、第3章でみた一連の論考以降、長谷部の問題意識がどのような変容を遂げたかが明確に読み取れる。

まず注目されるのは、かつて古典を信頼しすぎるのはよくないと述べていた長谷部が、ここで完全に記紀の記述に依存していることである。長谷部によれば、神武天皇の東征の際、取り残された「文化の劣（おと）れる地方住民」を、かつて国史編纂者は土蜘蛛、熊襲、夷、蝦夷などの名称で表現した。後世の歴史家はこれを異民族と思い込んできたが、日本書紀を繰り返し読んでも彼らが異民族であるとは到底思われない。彼らは「日本民族と認めるのが至当」である。

また、日本人が石器時代から「漸次進歩」して今日にいたったことは「わが民族の誇」であり、われわれの先祖が石器時代人だとしても何も恥じるところはない。日本の石器時代文化は世界無比といってよいくらい「絢爛（けんらん）」なものであった。

だが、それ以上に注目されるのは、彼が日本人の混血性を完全に否定するようになっていることである。そもそも「民族の持続には稀薄な程度の血族結婚は実際上必要条件といってよく、異民族の混血はむしろ偶然の現象」にすぎない。

そして、「日本人が大陸からあるいは南方から移住して来たという説」には、現在の学術資料からみて何ら証拠もなく、「夢の如き話」である。「人類初発ののち間もなく日本人はこの日本の地に占居したので、初発の地を除くならば日本以外に日本人の郷土はない」のである。かくして日本人による日本列島での居住の時期は限りなく繰り上げられ、もはや日本列島に先住民族の姿はどこにもない。

この時期の長谷部の日本人起源論の政治的含意は、冒頭に掲げた「大東亜建設ニ関シ人類学研究者トシテノ意見」（一九四三）で、より踏み込んだ形で表現されている。

　この文書（原文カタカナ）は一一項目からなるが、その「一、大東亜建設には先づ日本人自らを知るべし」で、長谷部は「彼ら［アイヌ］をもって先住民なるとする説、アイノ日本に住居せる跡を残せりという説、国史にいわゆる蝦夷は近代にいわゆるエゾにしてすなわちアイノなりとする説、日本固有の文化を無視してことごとく支那に学びたる如く解さんとする説、和漢あるいは日韓同種説等」をすべて退ける。彼によると、従来、日本人の起源に関係すると考えられてきた諸民族が頭骨の形状において日本人と異なることは明白であり、「日本石器時代人はすなわち日本人」といわなくてはならない。

　そして、長谷部は「大東亜建設」に関して、日本人は「大東亜の貴要たる特殊性」を有しており、周辺のどの民族に対しても類似・親近だなどというべきではないという。彼によれば、「彼らのすべてに対し常に親和と公平とをもって接し得るは日本人の本来の面目なることを正視すべき」なのである。

　以上、少々くわしく長谷部の一九四〇年代前半の発言を紹介したが、改めて彼の主張の意味について考えてみよう。ここでは、彼の日本人起源論を構成する（一）日本人の先祖は石器時代から日本列島に住んでおり、先住民族は存在しない、（二）現代日本人にいたるまで大規模な混血はなかった、という二つの論理に注目し、それぞれについてさらに分析をくわえてみる。

第一の論理が、当時の文脈でいかなる意味をもつかは明白だろう。日本人の日本列島への居住、すなわち「起源」は「人類初発ののち間もなく」まで繰り上げられ、そうした日本人が有する歴史の古さは、まさしく「わが民族の誇」であった。しかも、それは皇国史観とうまく合致する。記紀のいう高天原が日本列島内に存在したという推測は、万世一系たる皇室がこの日本で生まれたことをも保証する。

だが、第二の論理の場合、もう少し事情は複雑である。少なくとも長谷部自身にとって、日本人の混血性の否定は日本人の「血」における一貫性、集団的同一性を意味し、それもまた「わが民族の誇」と考えられていたのだろう。だが当時、法制上は朝鮮、台湾などの植民地の人びとも日本人であり、こうした内地と外地の一体性は、日本人と植民地住民の人種的類縁性という観点からも正当化されていた。たとえば明治以降に喧伝された日鮮同祖論はこうした国策に合致した理論だといってよい。

確かに、広大な大東亜共栄圏の経営を考えるとき、混血性をむやみに強調することは日本人のアイデンティティを掘り崩す可能性も有していた。長谷部はこの答申で「三、混血に対する処置を講ずべし」とも提言しており、この時期、多くの研究者が国内外で混血研究をおこなってもいた（坂野「混血と適応能力」）。だが長谷部のように、日本人の混血性（同化）を全面否定してしまうと、皇国の臣民間に亀裂を生じさせることにもなりかねない。

したがって、混血性（同化）を全面否定する長谷部の理論は、少なくとも社会にアピールするには問題を抱えていた。実際、長谷部の戦中の言論活動は、先に挙げた少数の時局的な発言を除けば、必ずしも華やかなものではない。東大人類学教室の指導者、人類学の第一人者と目されていたにもかかわらず、こうした長谷部の理論が多くの支持を得られたとはいいがたい。その意味で、次にみる清野謙次の日本人起源論は、長谷部のそれとは事情が多少違っていた。

清野謙次と『国史概説』

第3・4章でみたように、一九二〇年代後半における清野説の登場は人類学関係者に大きな衝撃を与えた。だが、一九三七年に清野は窃盗罪で逮捕され、京大医学部を退職する。こうして京大は人類学研究の重要拠点を失ったが、清野自身は四一年四月に上京し、国策団体である太平洋協会の嘱託となった。

これ以降、彼は人類学や民族学の知見にもとづいて大東亜共栄圏構想を支える著作を次々と発表していく。『太平洋の民族＝政治学』（義弟である平野義太郎〔元マルクス主義法学者〕との共著、一九四二）、『南方民族の生態』（一九四二）、『太平洋民族学』（一九四三）、『セレベス民族誌』（一九四四）、『太平洋に於ける民族文化の交流』（一九四四）、これらの書名をみるだけでも、この時期の清野の関心がどこにあったかがわかるだろう。また、日本人起源論関係でも、敗戦までに『日本原人之研究』（増補版、一九四三）、『日本人種論変遷史』（一九四四）を刊行している。

では、戦争中、清野の日本人起源論はどのような変容を遂げたのだろうか。ここでは、それまでの研究蓄積をふまえて一九四四年に刊行された『日本人種論変遷史』を取りあげよう。本書は、日本人起源論の歴史を近代以前にまでさかのぼって跡づけることを主眼としているが、そのなかで「日本人種の成生」は次のように説明される。

日本国に初めて人類が渡来して日本石器時代住民を生じた。……爾来日本国には日本石器時代人種なる一種独特の人種が生存した。そしてその後においても時代の下るに従って大陸から、また南洋から種々の人種が渡来して混血したが、日本石器時代人を一挙して体質的に変化せしむるような体質的変化は無かった。換言すれば日本石器時代人を追い払って新人種をもって交代せしめるような人種の体質的変化は無かった。ただ時代の進むにつれて日本石器時代人の体質は混血により、また環境と生活状態の変化とによって現代日本人となった。

この意味において日本島は人類棲息以来日本人の故郷である。日本人は日本国において初めから結成せられたものであつた。日本人は断じてアイヌの母地を占領して住居したものではない。日本人種の母地日本人の故郷は日本に人類が住居して以来日本国である。

この箇所は、彼が一九三八年に発表した論考（「古墳時代日本人の人類学的研究」）中の文章を再録したものであり、日本人の起源に関する基本的な考え方にはこの間大きな変化が無かったと考えられる。

だが、第3章で検討した一九二〇年代後半の論考で、日本石器時代人（「日本原人」）は現代日本人の土台である一方、両者のあいだには大きな違いがあるので、別の「人種」とみなすべきだとされていたのに対して、ここでは両者に大きな「人種の体質的変化」は無かったとされている。こうして、清野においても、日本人は「人類の棲息以来」この日本列島で暮らしてきたことになった。

次に注目されるのは、アイヌ説＝人種交替モデルに対する清野の評価である。清野によれば、「アイヌ説は特に欧米人の学説をそのまま受け継いだもの」であり、「インデアンに対する欧米人の関係」に類例を求めたものにすぎない。第1章で述べたように、明治期、日本を訪れた欧米人研究者にとって人種交替という図式は常識に属するものだったが、「神武天皇の御東征」などの記紀の記述を、日本人が「異域」から渡来してアイヌを圧迫した史実などと解釈するのは誤りなのである。

こうした発言からわかるとおり、長谷部と同様、この時期の清野は記紀に大幅に依拠するようになっていた。清野は、「神代史」の解釈について次の二点を顧慮しなければならないという。第一に、「皇室は神代から日本国の日本人」のものであり、記紀などの神代に諸国の地名が出てくるのは、すでに当時から「皇威が諸国に洽かった証」である。第二に、「神代記に現われる諸神の御活動は大体において日本国内における事件だと考えるべき」ものである。

では、清野は日本（人）の歴史をどのようにとらえるのか。彼によると、「日本人種」の歴史は、大きく（一）「石器時代から金属時代への移行」（二）「民族開放期」（三）「民族閉鎖期」（四）「第二の民族開放期」に分けられる。

（一）古典からの解釈によれば、「日本人種が石器時代の夢から醒めて鉄文化の覚醒期に入った」のは神代の後半期と考えられる。覚醒期への転換とともに日本のあらゆる文化は強大となり、日本固有な発展を遂げ、神武東征もこうした鉄文化を背景におこなわれた。

（二）日本建国後、異民族の日本渡来が著しくなったが、その結果、思想上・習俗上の社会不安も増加した。

（三）多量の「異種族」の移住によって生じた国内の不安と動揺は、平安朝の初頭におこなわれた「鎖国令」（遣唐使廃止を指していると思われる）によって鎮静した。この間に「日本人種」は同化が進み、体質的にも精神的にも等質性の高い集団となったので、「一人種一国民たる理想が結成せられたは日本国に取って喜ばしい事」であった。

ただ「遺憾」なのは「種族閉鎖期」が長すぎたことである。これにより、日本人は肉体的にも精神的にも「一国民が一種族に錬成され、後年活躍し得るの素地」ができたが、南北朝、遅くとも室町時代の末に鎖国が終わっていれば、「既に当時において大東亜共栄圏が作製し得られた」であろう。

（四）明治期に入って再び「種族開放期」が訪れたが、これはおもに欧州文化の「摂取消化」であり、「異人種の血は日本民族にごく僅かしか入り込まなかった」。しかしながら、いよいよ「大東亜建設戦」の進展とともに、日本は「第二回の種族開放期」に入ろうとしているのである。

かくして、長谷部と同様、日本人は「一人種」である一方、清野にあっては、「民族開放期」に異人種との混血を体験したことで現代日本人のなかに彼らの「体質要素」が含まれることになった。

そしてこうした事実は、大東亜共栄圏各地への日本人の進出を有利にする。たとえば現代日本人には「南洋人種」の血も入っているから、南方へと進出する際にも有利であろう。「日本人は欧州人より熱帯気候に馴化し易いのはほぼ想像に堪うる所」である。

清野が描き出す日本の歴史は、当然、大東亜共栄圏を正当化しようとするものだが、ここでさらに注意したいのは、その皇国史観との親和性の高さである。先に述べたとおり、『国史概説』は皇国史観を体現する歴史書だが、そこでは「日本国民」の成立について次のように述べられている。ここでいう「親和融合」による「国民」の成立が清野の説明と符合するものであることは明らかだろう。

大陸との交渉が頻繁になってより、三韓や支那の帰化人が天皇の聖徳を仰ぎ、我が平和な国土を憧憬して集団的に多数移住し来った。しかるにそれらの生活は早く我が社会制度や風習に同化し、固有の民の間に混って渾然たる日本国民となったのである。かくて天皇に帰一し奉る精神、万民の親和融合の思想は単に観念的な問題ではなく、日本国民の成立の上に現実に生かされている。

しかも、『国史概説』の編纂にくわわった和辻哲郎は清野説に大きな影響を受けていた。

第3章でみたように、和辻が一九二〇年に刊行した『日本古代文化』は、濱田耕作や松本彦七郎、長谷部言人の議論をふまえ、記紀を「日本民族」の物語として描くものだった。三九年に和辻はその改稿版を出すが、その第1章では、先に挙げた清野の論考（一九三八）の「日本人は断じてアイヌの母地を占領して住居したものではない」という言葉を引きつつ、「日本人種の母地、日本人の故郷は、日本に人類が住居して以来、日本国」であり、「人類学の示していることの成果は、日本においてかつて人種戦が行われなかったことを実証するものであって、その意義極めて重大である」と述べている。

残念ながら、和辻の意見が『国史概説』の記述にどの程度反映したかは不明である。だが、以上のような『国史概説』や和辻哲郎と清野説の呼応関係をふまえれば、清野謙次が戦時中におこなった言論活動の意味もより理解できるだろう。

長谷部のように、日本人の「純血性」をひたすら強調することは異民族に対する単純な排外主義に陥り、大東亜共栄圏の理念と矛盾する可能性を有していた。それに対して、清野が考える日本人は、かつて混血を経験したが、その後、同化が進み「一人種」となった。これこそが、戦前最大の成功を収めた清野の日本人起源論が最終的に描き出した日本人の姿だったのである。

実際、戦時中には膨大な数の民族論が発表されたが、小熊英二も指摘しているように、その過半が過去における異民族との混血を認めつつ、その後同化が進み、統一的な日本民族となった歴史を描いていた（小熊『単一民族神話の起源』）。例を挙げればキリがないが、哲学者・西田幾多郎も「我国家の成立史において見るに、異種族異民族の闘争征服という如きことなく、それらが天孫族の下に統一融合して一民族を渾成するに至った」（西田「哲学論文集第四補遺」）と述べるような時代であった。

では、土器や石器などを対象としてきた考古学者は皇国史観や大東亜共栄圏構想にどのように応答していたのか。人類学者に続き、同時期の考古学者の活動をみてみよう。

紀元二千六百年と考古学

『国史概説』をはじめとする文部省の国史編纂事業には、和辻をはじめ多くの著名研究者が動員されている。ただし、そこで中心となったのは皇国史観の論者として知られる東大の平泉澄（きよし）などの国史学者であり、考古学者はほとんど参加していない。『大東亜史概説』に東大の原田淑人（よしと）と京大の梅原末治が調査嘱託として名を連ねているものの、これは東亜考古学を専門とする彼らに中国、アジアの古代史に関する知識を期待してのことだろう。

当然この時期、国史学者の活躍する場は急拡大していたが、そうした国史学ブームのさなかにあって、考古学の立ち位置は微妙だった。そもそも戦前のアカデミズムで考古学は安定した地位を得ておらず、国史学からすれば補助学にすぎなかった。また、かつて大山柏が述べていたように、国家の「正史」と考古学のあいだには緊張関係もあった（第5章）。

それでは、長谷部や清野のような人類学者とは異なり、考古学者は時局と比較的距離があったと考えるべきなのか。斎藤忠がかつて述べたように、戦時下では「考古学のように、実証を重んじて科学的に古代史を発掘しようとする学問は敬遠される傾向があった」（斎藤『日本考古学史』）のだろうか。

そこで、まず考えてみたいのが、紀元二千六百年奉祝事業（一九四〇年）と考古学のかかわりである。先に紹介した長谷部言人のラジオ講演のなかでも言及されていたが、一九四〇年はちょうど「紀元二千六百年」にあたっていた。一八七三年の太政官布告により、神武天皇の即位をもって紀元とさだめ、西暦紀元前六六〇年が日本建国の年と決定された。その年から数えて一九四〇年は二千六百年目であり、これを祝う記念事業（紀元二千六百年奉祝記念事業）は官民あげての国家的イベントとなったのである（古川隆久『皇紀・万博・オリンピック』、ケネス・ルオフ『紀元二千六百年』）。

事業の準備は一九三五年一〇月に始まり、翌三六年一一月、祝典評議委員会の審議の結果、紀元二千六百年奉祝記念事業として、（一）「橿原神宮境域及畝傍山東北陵参道の拡張整備」、（二）「神武天皇聖蹟の調査保存顕彰」、（三）「御陵参拝道路の改良」、（四）「日本万国博覧会の開催」、(五)「国史館(仮称)の建設」、(六)「日本文化大観(仮称)の編纂出版」の実施が決定する。三七年四月には、紀元二千六百年記念奉祝会が創設され、事業は具体的に動き出した。

紀元二千六百年にあわせてオリンピック東京大会も計画され、神社の海外進出なども進められていった。日中戦争の激化などにより、東京オリンピックや万国博覧会は中止となったが、一九四〇年一一月一〇日、奉祝事業最大のイベントとして、政府主催の式典が約五万人を集めて宮城外苑で開催され、翌一一日に同所で奉祝会が開かれた。

紀元二千六百年は国家的事業であり、考古学者も奉祝ムードに便乗しようとしていたことは確かである。たとえば、明治期以来の伝統を有する『考古学雑誌』(考古学会)は、第三〇巻(一九四〇)で「皇紀二千六百年　創刊三十巻　記念特輯号」を組み、これらの記事は同年九月、『鏡剣及玉の研究』として刊行された。

また、在野考古学者を中心とする東京考古学会も、機関誌『考古学』一一巻一号(一九四〇)の冒頭で、「紀元二千六百年の春」を迎え、「今や興亜建設の時に当って考古学に課せられたる大日本黎明文化闡明(せんめい)の任の重かつ大なるを思い、本会はさらに万全を尽くしてその使命の達成に努む」と宣言している(無署名「会告」)。

聖蹟調査と考古学

そして、奉祝事業のなかで特に注目されるのが、(二)「神武天皇聖蹟の調査保存顕彰」である。神武天皇聖蹟とは、神武天皇が東征途中に立ち寄った場所（行幸の地）を指す。つまりは、遺跡の調査によって建国神話を実証的に跡づけ、これを保存顕彰しようというプロジェクトである。奉祝会の委嘱を受けて、文部省（宗教局）が一九三八年一二月、神武天皇聖蹟調査委員会を設置した。調査は四〇年五月に終了し、最終的に計一九箇所（一八件）の聖蹟を指定し、石碑を建て、周りを石欄（せきらん）で囲うことになった（文部省編『神武天皇聖蹟調査報告』）。

従来から遺跡の発掘を手がけてきた考古学者にとって、このプロジェクトは自らの社会的意義をアピールする絶好の機会だっただろう。だが、歴代調査委員には、『国史概説』と同様、辻善之助（ぜんのすけ）、西田直二郎、平泉澄などの大物国史学者が名を連ねる一方、考古学者は参加していない。これは、文献（記紀）の記述に資料を限定して調査がおこなわれたためだが、当時のアカデミズムにおける考古学のポジションを物語っている。

しかし、実は紀元二千六百年奉祝事業の一環として、考古学者が聖蹟調査をおこなった事例は数多く存在する。

たとえば、紀元二千六百年奉祝にあわせて実施された橿原神宮外苑整備事業にともない、末永雅雄（奈良県史蹟名勝天然記念物調査会委員）を責任者として一九三八年から現地調査がおこなわれ、これに酒詰仲男（戦後、同志社大教授）なども参加した（酒詰『貝塚に学ぶ』）。末永は、戦後の考古学界で大きな役割を果たす橿原考古学研究所の初代所長をつとめたが、当研究所は末永が現地で調査指揮を開始した三八年九月一三日を創立記念日としている。

また、大阪府の史蹟名勝天然紀念物調査委員会は、一九三九年、記念事業のひとつとして、大阪府下の史前遺跡を調査することを議決し、委員である梅原末治率いる京大考古学教室が発掘調査を実施している。調査は梅原の指導のもと、考古学教室の小林行雄、坪井清足（きよたり）ほか五名が参加し、出土する人骨については、元清野研究室の中山英司が担当した（大阪府編『大阪府史蹟名勝天然紀念物調査報告第十二輯』）。

それ以外に、大場磐雄（いわお）（國學院大講師・神社局考証課嘱託）は、一九三八年から三九年にかけて神社局の業務として日本各地の聖蹟を巡見している（大場『楽石雑筆（下）』）。東京考古学会で編集を担当していた藤森栄一も、鹿児島県の依頼により薩南地方で発掘調査を実施（時期は不明）。藤森の回想によれば、彼は現地で大歓迎され、地元新聞でも大々的に報道され戸惑ったらしい（藤森『心の灯』）。

さらに春成秀爾（ひでじ）は、聖蹟指定をめぐる興味深いエピソードを紹介している。神武天皇聖蹟調査委員会での調査の結果、備中高島（現・岡山県笠岡市）は指定から外されてしまった。

だが、あきらめきれない地元関係者が備中高島の王泊(おおどまり)遺跡の発掘調査を山内清男に依頼する。その関係者は王泊遺跡を神武天皇が泊まったことに由来すると考えていたらしい。ただ山内は一九四三年春に発掘調査をおこなうも、現地でその関係者と喧嘩別れして東京へ戻ってしまったという。その後、現地調査の話は梅原末治のところにもちこまれ、京大考古学教室のメンバーが同年秋と翌年春に調査を実施した。

むろん、山内にせよ梅原にせよ、王泊遺跡が高島宮の跡だと信じていたわけではなかっただろう。彼らはあくまでも遺跡発掘による新しい資料の入手や、食糧不足の時代ゆえ食糧確保を目的に調査に赴いたのだろうというのが春成の推測である（春成『考古学者はどう生きたか』）。

さて、紀元二千六百年奉祝事業は一九四〇年で終了したが、聖蹟調査はそれで終わらなかった。開戦直前の四一年一二月六日、今度は総理大臣直轄の諮問委員会として、新たに肇(ちょう)国(こく)聖蹟調査委員会が創設されることになる。

実は神武天皇の聖蹟調査で指定されたのは出発後の中継地点と最終地の橿原だけで、神武天皇の出発地とされる高千穂宮（日向国）などの場所が確定できずに終わっていた。高千穂宮の地元となる宮崎、鹿児島の関係者から批判も噴出し、今度は神武天皇に先立つ「神代三代」（瓊瓊杵尊(ににぎのみこと)が高天原から高千穂に天孫降臨して以降の三代）の聖蹟調査が実施されることになったのである。先の神武天皇聖蹟調査と異なり、肇国聖蹟調査委員会では、歴史学以外に考古学、地理学、民俗学など諸学問の成果を総合して調査を実施することになり、考古学からは京大の梅原末治が委員に任命された。

ただし、梅原を含めて、肇国聖蹟調査委員に選ばれた研究者もあまり乗り気ではなかったようである。森本和男によれば、この委員会には、神代文字や竹内文書（神武天皇以前の神代文字で書かれたとされる）などの偽史・偽書の存在を信じる狂信的な軍人や政治家もくわわっており、委員会でも、こうした資料の扱いに苦労したらしい（森本『文化財の社会史』）。実際、開戦後は『国体の本義』などの編纂にくわわった和辻哲郎でさえ右翼から攻撃を受けるようになっており、研究者も発言には細心の注意を払わざるをえなかっただろう。委員会は、四三年七月に聖蹟候補地のリストと調査方法に関する答申を出したが、戦争激化のため活動停止となり、敗戦後の四六年五月に正式に廃止されたのであった。

なお、以上挙げたのは著者の目にとまった例にすぎず、これ以外にも紀元二千六百年に関連して考古学者が発掘調査にかかわった事例はあっただろう。おそらく大部分の考古学者が聖蹟を考古学的に跡づけることなど不可能と考えていただろうが、本項で挙げた事例は、考古学者も皇国史観が支配する政治状況に巻き込まれていたことを示している。そして、彼らはそうした時流に棹（さお）さす道も探っていた。それを象徴するのが、一九四一年の日本古代文化学会の創設にほかならない。

日本古代文化学会の誕生

紀元二千六百年の翌年二月、新たな考古学の学会組織が創設された。東京考古学会、考古学研究会、中部考古学会という在野の三学会が結集してつくられた日本古代文化学会である。

第4章でみたとおり、これら三つの学会はいずれも一九二〇年代後半から三〇年代にかけての人類学・考古学ブームを背景に誕生した民間団体である。若手・中堅のアカデミズムに職をもたない研究者を中心に運営されてきた、これら三つが大同団結して（この時期には三学会ともに活動の拠点は東京に置かれていた）、ここに新たな学会が生まれたわけである。二月から機関誌として『古代文化』の刊行も始まり、雑誌の巻号はもっとも規模の大きい東京考古学会の『考古学』を引き継ぐことになった。

坂詰秀一によれば、これは第二次近衛内閣が進めた新体制運動に呼応するものである一方、それぞれ手弁当で続けてきた学会関係者の生活を改善する意図もあったという（坂詰『太平洋戦争と考古学』）。藤森栄一の回想によると、当時、彼も考古学研究会の三森定男（編集）も極度の貧困状態にあった。これをみかねた関係者が、全国の民間団体をひとつにし、官の学会である考古学会や人類学会も参加する全国的な組織をつくり、研究者の生活の安定をはかろうと目論んでいたらしい（藤森『心の灯』）。

ともあれ、少し長くなるが、学会創設時に関係者に送られた「設立趣意書」の一部を挙げておこう。あくまで対外的なアピールのためとはいえ、考古学関係者の高揚した雰囲気がうかがえるだろう。

> 肇国以来二千六百一年、万世一系の天皇上に在しまし、皇恩万民にあまねく聖徳八紘に光被す。臣民また忠孝勇武、父祖相承けて皇国の道義を宣揚し、君民一体もって国運の隆昌を到せるは国史に徴して瞭かなり。しかして今や東亜善隣の諸邦と結んで共存共栄の実をあげ、独伊両国と締盟して世界新秩序建設の偉業を果さんとす、まことに曠古未曽有の秋というべし。……
>
> 東京考古学会・考古学研究会および中部考古学会は、吾人の意図を賛して光輝ある歴史と確固たる基礎を有するにもかかわらず、進んでその学会を解体し、欣然わが日本古代文化学会に参加融合を決せられしは学会近来の快心事として感激の念切なるものあり。ここに三学会の合同に基礎を置き、さらに同志の参加を乞い、相提携して日本および東亜古代文化を研究し、もって国家奉公の微意を致さんことを期す。
>
> （坂詰『太平洋戦争と考古学』）

学会の代表（委員長）には後藤守一が就任し、本部委員として江上波夫、大場磐雄、杉原荘介、甲野勇、直良信夫などが名を連ねた。なお、山内清男は、日本古代文化学会の「大政翼賛会的な性格を懸念」して距離をとったといわれ、戦後、当学会を「右翼考古学者」の団体とも呼んでいる（山内「縄紋草創期の諸問題」）。ただし、四一年に山内も、後藤の勧めで『古代文化』に論文を寄稿している。

二月一六日に開催された第一回総会では、「宮城遥拝・皇軍将士に感謝の黙禱を捧げた後」、開会の辞（三森定男）、学会成立経過の報告（杉原荘介）、学会の主張の説明（後藤守一）、参会者による「所感の開陳」があり、閉会（辞、丸茂武重）となった（無署名「本会第一回総会」）。

アジア太平洋戦争開戦直後の『古代文化』一三巻一号（一九四二年一月）の巻頭には次のような文章が掲げられた。これまた学会らしからぬ文章である。

> 昭和十七年の元旦を迎えて、聖寿万歳（せいじゅばんざい）を祈り、かつは満洲に支那に、はたまた太平洋各地に戦病死の皇軍将士の英霊に感謝の祈りを捧げると共に、今や陸に海に、大東亜共栄の実を得べく奮戦力闘を重ねる皇軍将士の労に心からの感謝を表すものである。……ここに皇国未曽有の歴史の展開されんとする年の元旦を迎え本年こそは学会として活躍

を新にし、学界における学会と会員の学会との二目的に猪突せんことを期している。
（無署名「昭和十七年を迎へて」）

さらに、『古代文化』の「編輯後記」には、「東亜大戦争は遂に来るべきものが来たのであり、国民は初めて力を尽して戦うに張合が出来て来た。一億の国民は聖戦完遂の目的を果すべく、全力を尽すべきである」（一三巻一号）、「皇紀二六〇三年、大東亜戦下再びめぐり来った新年である。支那事変勃発の年からすると丁度七年目、とにかく、石に齧りついても、戦いに勝ち抜かねばならない日本だ」（一四巻一号）などといった勇ましい言葉が並んでいる。

こうした文言の存在が「右翼的」「大政翼賛的」といったこの学会の評価につながっているが、ここで注意すべきは、先にみた長谷部言人や清野謙次とは異なり、寄稿論文や活動内容からは、さほど同時代の政治状況に影響を受けた様子はみられないことだ。皇国史観に直接つながる文言が含まれる論考はほんの一部であり、大東亜共栄圏を考古学の立場から支えようという考察もほぼ皆無である。後者については、そもそもこの学会に集まった者のほとんどが海外調査など不可能な在野研究者である以上、当然のことではあった。それはともかく、「編輯後記」などにみられる発言と実際の活動との乖離に注意すべきだという平田健の指摘はおおむね妥当なものだと思われる（平田「日本古代文化学会とその評価をめぐって」）。

考古学者・後藤守一

では、日本古代文化学会の委員長をつとめた後藤守一とはいかなる考古学者だったのか。後藤が一九二七年に刊行した概説書『日本考古学』については第4章で述べたが、ここで改めて彼の履歴を確認しておこう（図6－1）。

後藤は一八八八年、神奈川県鎌倉市に生まれ、静岡県沼津市で中学生時代を過ごした。一九一七年、東京高等師範地理歴史学科を卒業後、静岡の中学校教諭を経て、二一年に帝室博物館の鑑査官。長く『考古学雑誌』の編集にも携わった（第3章）。紀元二千六百年奉祝記念の展覧会で借り受けた展示品破損の責任をとって一九四一年に帝室博物館を辞職したが、同年、日本古代文化学会委員長。四三年に國學院大學国史科の教授に就任し、大場磐雄らとともに神道の考古学研究を進めたが、敗戦前に國學院を辞職している（理由は不明）。敗戦後、明治大学文学部考古学教室の創設にかかわり、四八年に初代主任教授となった。明治大学定年後の一九六〇年に死去。

図6-1　後藤守一

古墳に関する研究から晩年の服飾史の研究まで、後藤の研究領域も多岐にわたる。そのなかで日本古代文化学会の委員長就任や戦時中の発言などをみると、確かに時局便乗型の研究者にみえることは確かであり、戦後、山内清男は後藤を「文化戦犯」と呼んだともいう（春成秀爾『考古学者はどう生きたか』）。

だが、後藤は非常に知名度の高い考古学者であり、当時、学会の顔となりうるほぼ唯一の存在だった。先述したとおり、彼の『日本考古学』は濱田耕作の『通論考古学』と並ぶ代表的な考古学の概説書であり、早くから縄文、弥生土器の編年研究の意義も認めていた。したがって、若手・中堅の研究者からすれば、考古学の意義を社会に訴え、軍部、右翼からの防波堤となってくれることへの期待もあっただろう。

実際、後藤は日本古代文化学会の委員長だけでなく、敗戦後は登呂遺跡の発掘責任者（調査委員会委員長）、さらに一九四八年に結成された日本考古学協会の委員長もつとめている（第7章）。このように、後藤は戦前から戦後にかけて一貫して日本考古学の中枢で活動してきた研究者であり、戦時中の活動だけで、彼を特異な逸脱例とみることはできない。以上を確認したうえで、次に戦時下における考古学者の縄文・弥生認識についてみよう。

繰り返し述べてきたように、明治期以来の人種交替モデルでは、記紀の建国神話（神武東征神話）が大きな手がかりとされてきた。大正期以降、アイヌ説批判や古代史における記紀批判が進められ、一九三〇年代になると、縄文・弥生土器の編年体系も構築された。こうして先住民族＝アイヌ説への支持は減るとともに、縄文・弥生土器のどちらも製作したのは日本人の祖先だと考える人種連続モデルが優勢になった。

だが、これにより人種交替モデルの枠組みが完全に崩壊したわけではない。考古学者のあいだでは、山内清男のように、縄文文化から弥生文化への人種の交替を否定する論者は少数派であり、後藤守一や小林行雄のように、先住の縄文文化の担い手が居住するところに後来の弥生文化の担い手が渡来してきたと考える者もいた（縄文／弥生人モデル）。

では、皇国史観が圧倒的な影響力をもつようになった一九四〇年代前半、縄文・弥生研究に携わっていた考古学者は、記紀に対してどのような態度をとったのだろうか。

一九三〇年代から一貫して建国神話の歴史的実在を語り、戦時中も一般向けの著作などで、考古学者の立場から神武東征について語り続けた筆頭が後藤守一であったといってよい。そしてこの時期、その根拠として後藤が期待したのが、第4章で触れた東京考古学会（小林行雄）による遠賀川式土器の発見であった。

後藤は、一九四一年に『日本の文化　黎明篇』という著作を発表する。前年、ラジオ放送でおこなった四回連続の講義に補注を付したものである。当時の考古学界の研究水準をふまえた概説書だといわれるが、冒頭、後藤は次のように遠賀川式土器の東漸を主張した東京考古学会関係者の仕事を賞賛している。

> 自分は大和文化の研究をもっぱらとするものであるが、その黎明期において、石器時代または青銅時代の文化との触切〔ママ〕に明かならざるものが多く、安んじて大和文化を説くことが出来なかった。しかるに輓近（ばんきん）、縄文式文化の編年研究の進捗に伴って、弥生式文化研究に著しい発達を見たのであり、ためにこれらの古文化が大和文化へと進展の様が大道坦として明かにされて来たのであり、今や大和文化形成の迹（あと）を確信をもって述べることが出来たのである。……しかしてその弥生式文化の研究は、故森本六爾君の努力と共に、これを輔（たす）け、これを発展せしめた小林行雄・杉原荘介及藤森栄一君らの熱意によって今日を得たのである。

細かい議論は省略するが、「大和文化の母胎は、遠く北九州から進展して来た前期弥生式土器文化であるとしてよい」だろうし、「神武天皇御創業に対する年代」についても再考を可能にするという。

だが管見の限り、一九四〇年代に入って以降も、第3章で扱った縄文・弥生の編年研究をリードした考古学者は露骨に皇国史観に依拠するような発言をおこなっていない。もともと社会主義への関心の高かった山内清男は当然だが、若手・中堅研究者で当時、建国神話を本気で実証しようとした研究者は、後藤とともに國學院で神道考古学の研究をおこなっていた大場磐雄ら少数にとどまっている。

先の後藤の言葉からもわかるように、遠賀川式土器の東漸に注目する弥生研究は、神武東征神話との相性はよかったと考えられるが、管見の限り、東京考古学会出身の小林行雄や杉原荘介自身は記紀には言及していない。

また、『古代文化』に掲載された縄文・弥生関係の論考をみても、ほぼ唯一の例外といえるのが、最終号（一四巻一〇号）に掲載された藤森栄一の「日本石器時代に於ける器具の発展について」（一九四三）の末尾にある次のような文言である。

> 日本弥生式文化の高潮はかくも優れた物質的背景を基礎とするもので、武力圧制よりも文化の恩沢を、豪華な権勢のための文化よりも文化の一般的高潮を、人民の困憊よりも蒼生の富強を、おおよそあらゆる皇道をあまねく宣布して、豊葦原千五百秋瑞穂国は上御一人の宏遠なる肇国の皇謨に葦牙の如く萌えに萌え盛ったのである。

ただしこれは、徴兵された藤森が中国出征中の部隊から投稿した論考に付加されたものである。以上の文言が、軍隊生活による高揚から来ているのか、はたまた検閲対策かは不明だが、少なくとも論旨とは別とみなすべきだろう。

以上をふまえると、長谷部、清野らとの世代の違いもあるが、一九三〇年代から土器の編年作成を通じて考古学の学問的自立を目指してきた者には記紀（建国神話）に大幅に依拠することには抵抗があったと考えるべきだろう。先にみたとおり、聖蹟調査に参加した者は多かったが、神武東征や「肇国」を考古学的に実証できると考えては、考古学が明治期以前に逆戻りすることにもなりかねない。しかも、こうした研究に手を出すことにはリスクもある。

したがって、皇国史観が圧倒的な影響をもつようになった時代にあっても、後藤守一のようにある程度の社会的地位を得た研究者を除けば、多くの考古学者が選んだのは沈黙、すなわち建国神話には言及しないという道だったと考えられる。

だが、建国神話について語らなかったからといって、考古学者が時局と一線を画していたと考えるのは早計である。そこで次に注目したいのが、一九三〇年代から後藤守一らが語っていた、縄文人と弥生人の融合という論理である。

縄文／弥生人モデルと戦争

明治期以来の人種交替モデルでは、先住民族を後来の日本人の祖先が征服・駆逐したという了解が一般的だった。その後、石器時代の住民も日本人の祖先だという人種連続モデルが有力になったが、長谷部言人や清野謙次といった人類学者が用いていたのは、あくまでも石器時代あるいは石器時代人という呼称だった。

だが、一九四〇年代前半になると、考古学者のあいだでは、先住の縄文人と後来の弥生人が融合したとする主張が多くみられるようになる。先述したように、こうした主張は後藤守一や小林行雄が一九三〇年代から始めており、それを縄文／弥生人モデルと名付けたが、四〇年代に入ると、同様の発想が考古学者たちに広く共有されることになったのである。

後藤は、先述した『日本の文化　黎明篇』で、「縄文式文化人」と「弥生式文化人」の関係について次のように述べている。一九三二年の論考（「考古学から見た建国史」）での「両者が比較的平和裡に相結び相融けて一団となった」という表現と同じ発想である。

縄文式文化人は弥生式文化人との間に、血の闘争を試みた後に、住み慣れた故郷の地を逐われて北方へと退いて行った先住民ではなく、接触の当初こそ多少の葛藤もあったでしょうが、やがて両者は渾然として融合して行ったのでありましょう。すなわち後には、大和文化圏内の一員として、春光熙々たる生活を送ったのでしょう。われわれの血の中にはこの縄文式文化人の血が多分に流れていると信じます。

また、杉原荘介は、先の藤森の論考と同じく『古代文化』最終号に寄稿した「縄文式文化研究上の二三の問題」（一九四三）で次のように述べている。

弥生式文化より弥生式民族を考え、縄文式文化より縄文式民族を考える時、弥生式民族の西日本における勃興によって、広く全日本に分布していた縄文式民族が、孰れの地にか退散して、全くその姿を没してしまったということはあり得ないのであって、必ずや種々の問題はあったろうが、順次に新文化の思想に浴しつつ、遂にはむしろ新文化建設の協力者となったであろう。

さらに、厚生省研究所人口民族部が編纂した秘密文書『大和民族を中核とする世界政策の検討』（一九四三）は、大和民族の起源について次のようにいう。状況からみて、この箇所の執筆は甲野勇によるものと考えられる（坂野「考古学者・甲野勇の太平洋戦争」）。

太古わが国において生を享けた二つの生産様式を異にする民族――縄紋式文化民族と弥生式文化民族――はほとんど闘争を行わずして、より進歩せる生産様式を獲得せる弥生式文化民族は、原始的生産様式にこそ依存してはいたが文化的には極めて高次的階梯に到達していた縄紋式文化民族を全く同化し、後者は最も自然に前者のうちに、合し、そこに統一されたる大和民族の大本を形成したものである。

集団の呼称や表現は微妙に異なるが、いずれも縄文人と弥生人のあいだで闘争＝征服ではなく、平和裡に融合が起こったとされている。ここでの平和の強調は、おそらく帝国日本が喧伝した大東亜共栄圏建設のイメージの反映でもあるだろう。

そして、ここでさらに注意したいのは、いずれの論考も弥生人の大陸からの渡来を明示的に語っていないことである。第4章でみたように、一九三〇年代までには、大部分の考古学者は弥生文化の大陸からの伝播を常識として受け入れ、後藤守一や小林行雄は、「北」「東亜の大陸」からの弥生人の渡来の可能性も語っていた。だが、ここに挙げた一九四〇年代の論考では、いずれも弥生人の起源の地は曖昧化されている。後藤は『日本の文化　黎明篇』の別の箇所で「弥生式文化の人々は、農耕なる産業様式を携えて渡来したものであるかもしれません」と語っているものの、杉原は「弥生式民族の西日本における勃興」、厚生省研究所人口民族部（甲野）は「太古わが国において生を享けた」と述べるだけである。

むろんこの時点では、弥生人はおろか、弥生文化の大陸からの伝播の可能性を示すと考えられる証拠はせいぜい北九州で発見された遠賀川式土器程度にとどまり、「外地」でも弥生土器に類するものは発見されていなかった。まずはこうした考古学上の理由があったことは確かである。また、彼らは考古学者である以上、人の移動の問題を積極的に論じることはできなかっただろう。

だが、弥生人の大陸からの渡来という推定は、それ以外にも厄介な問題をはらんでいた。まず弥生人が大陸から渡来したことを認めると、清野謙次のところで述べたように、皇室の由来が問われる可能性も出てくる。皇国史観が支配的な時代にあって、弥生人の渡来という主張が曖昧化した理由のひとつはこうした政治状況に求められる。

しかも、同時代の人類学者の議論も大陸からの人間の渡来を否定する方向に向かっていた。長谷部言人は日本人の混血を否定し、清野謙次も混血の役割を小さく見積もることで、いずれも日本列島における日本人の誕生を語るようになっていた。人種の問題は人類学者の仕事である以上、基本的に考古学者もそれにしたがわざるをえなかっただろう。

しかしまた同時に、考古学者にとって人類学者の主張は必ずしも全面的に賛同できるものではなかったことにも留意が必要である。

後藤守一は、『日本の文化　黎明篇』の補注で、清野説にしたがうと「縄文式文化と弥生式文化とは、民族を異にするものの所産ではなくて、単に文化の差違であり、体質からいえば、混血の多少と自然進化の遅速とによる差違」となってしまうと、戸惑いをみせている。後藤は「はたして然るか否かを、考古学者が論評することは出来ない」としながらも、「しかし両文化の差には、相当根本的のものがあり、両者の間に血の相違があることを考えしめられる」と述べている。ここには、考古学者としては縄文文化の担い手と弥生文化の担い手のあいだに「血」（人種）の違いがあると考えたいところだが、人類学者に反論できないことへの苛立ちをみてとることができる。

さらに後藤は、一九四三年に少年少女向けに書いた著作『先史時代の考古学』でも、「弥生式土器」の使用者に関して、「今のところでは、縄文式土器の人たちのように、大昔から日本の土地に住んでいたのか、または大陸のどこからか渡って来たのかさえ、はっきり言うことは出来ない」と述べている。ここからも、弥生人の渡来の方が考古学者にとってしっくりくる考え方であったことがうかがえる。

だがいずれにせよ、戦時下にあって、こうした考古学者の悩みがすぐに解消される見込みはなかった。多くの考古学者が納得できる日本人起源論は、日本敗戦後、金関丈夫による渡来説の登場を待たねばならない。

第7章　敗戦と考古学の時代

考古学に対する世間の期待が、急に大きくなったからね。責任が重くなったよ。日本の歴史を、これまでのような、神話ではじまるものでなく、神話は神話として、その性格をはっきりさせて、現実の歴史は、考古学的な遺物遺蹟から帰納したものによって、書き改めなければならない、ということが、やっと認められたのだからね。

（小林行雄『日本古代文化の諸問題』一九四七）

人類学者・考古学者の敗戦

一九四五年八月一五日、日本はポツダム宣言を受諾し、アジア太平洋戦争は終わった。では、本書でこれまでに登場した人類学者、考古学者は日本の敗戦をどのように迎えたのか。敗戦当時の様子を伝える記録をいくつかみておこう。

一九四一年に上京後、清野謙次は、太平洋協会を拠点に執筆や講演など多忙な日々を送っていたが、空襲の激化で四四年暮れに協会の活動はほぼ停止状態となった。四五年五月には空襲で目黒の自邸が全焼、清野も茨城県木原村（現・美浦村）に疎開し、そこで敗戦を迎えた（清野謙次先生記念論文集刊行会『随筆・遺稿』）。

長谷部言人は一九四三年に東大を定年となったが、そのまま大学の研究室で仕事を続けていた。だが、四五年六月に人類学教室は江馬修（第4章）の仲介で岐阜県高山市へ疎開し、長谷部も高山に引っ越した。江馬の回想によると、長谷部は「専制な教室の天皇」であり、「天皇主義的ファシスト」「熱烈な主戦論者」だったが、高山へ疎開後は「日に日に自信と力を失っていく」ようにみえた。そして敗戦から二、三日後、国防服から夏服に着替えた長谷部が彼のもとを訪れ、言い訳するように「もう戦争も終わったからね、今日はシヴィルスタイルで（市民の服装、つまりは平服で）出かけてきましたよ」と述べたという（江馬『一作家の歩み』）。

また、甲野勇が伝える、日本古代文化学会委員長であった後藤守一の敗戦時の様子もなかなか興味深い。玉音放送を聞いたあと、後藤と親しく自宅も近所だった甲野が後藤邸を訪ねると、後藤は憮然として「君のいった通り負けたね」と一言述べたという（甲野「おもいで」）。

さらに敗戦時、国外調査中あるいは植民地の教育機関に勤務中の者もあった。八幡一郎と江上波夫は、民族研究所のメンバー総勢一四名で中国大陸調査のため朝鮮と接する満洲国の都市・安東（現・丹東市）到着直後に敗戦となり、引き揚げは一九四六年一一月までずれ込んだ（第４章）。また、清野謙次の門弟である金関丈夫は、台北帝大医学部の教授をつとめていたが、敗戦後、中華民国政府に留用され、台湾大学で引き続き教鞭をとったあと、四九年に帰国した。金関が九大医学部時代に実施した土井ヶ浜遺跡などの発掘調査は戦後の人類学・考古学にとって大きな意味をもつので、次章で述べよう。

もちろん、若手・中堅の研究者には、徴兵され外地で敗戦を迎えた者も多かった。たとえば江坂輝彌は一九四五年一二月、杉原荘介は四六年一月、藤森栄一は四六年七月に引き揚げを果たした。一方、京大時代の清野の門弟である三宅宗悦は陸軍軍医大尉として徴兵され、フィリピンのレイテ島で戦死している。

再出発

敗戦後の混乱のなか、日本の人類学・考古学は少しずつ再建への歩みを開始する。本章では、以下、考古学者たちの足取りをみていこう。

まず取りあげたいのが、オランダ出身のジェラード・グロート（Gerard Groot）神父によって創設された日本考古学研究所である。グロートと日本考古学研究所は考古学史上ほとんど忘却されているが、ここでは、ほぼ唯一といってよい領塚正浩の論考にもよりながらその活動をみておく（領塚「ジェラード・グロート神父と日本考古学研究所」）。

グロートは一九三一年にカトリックの司祭として来日し、日本の言語・文化・歴史を学ぶうちに日本考古学に関心を抱くようになったらしい。布教活動のかたわら日本各地で発掘を実施し、人類学会などの例会にも参加していた。戦時中は「敵国人」として収容施設に抑留されたが、敗戦で解放されてすぐに研究活動を再開。くわしい経緯は不明だが、後藤守一、甲野勇らと、四六年一月に東京都貫井遺跡（小金井市）、六月に三浦半島の初声村（現・三浦市）で発掘調査を実施している。これらはおそらく戦後最初の組織的な発掘調査である。

その後、グロートは、後藤、甲野の協力を得て一九四六年九月、千葉県市川市国府台に日本考古学研究所を設立する。研究員には甲野、八幡一郎、芹沢長介、江坂輝彌、吉田格が就任し、顧問に長谷部言人、原田淑人（よしと）、渋澤敬三（元日銀総裁、民俗学者）、フラッテン神父（神言会日本管区長）、評議員に後藤守一（評議員長）、八幡、甲野、杉原荘介、大場磐雄、直良信夫、松本信廣、駒井和愛（かずちか）、江上波夫らが名を連ねた。これらの学界を代表する研究者の協力のもと、研究所は各地で発掘調査を実施し、機関誌『日本考古学』を刊行した（四八年一月から四九年一二月まで)。

ちなみに、当時グロートはGHQの民間情報教育局（CIE）に勤務しており、学界関係者のあいだには、彼がGHQの委嘱を受けて日本の学者の思想系譜を調べているという噂も流布していたという（酒詰仲男『貝塚に学ぶ』)。また、四六年一〇月には皇太子（のちの明仁上皇）も見学のため研究所を訪れている。

だが、各学会が徐々に活動を再開し、後述する日本考古学協会が創設された一九四八年四月頃には、有力な研究者は研究所を去ってしまう。グロートは研究所を維持すべく、「考古学会連合」の結成も構想していたようだが、五二年夏にはオランダ管区へ移籍するため離日する。その後も研究所は存続したが、五八年に閉鎖、資料の大半は南山大学の人類学研究所へ移管された。

次に注目されるのが、甲野勇らによって一九四六年におこなわれた秋田県大湯環状列石の調査である。現在、国の特別史跡である大湯環状列石は三一年に発見され、翌々年おこなわれた喜田貞吉（第3・4章）の調査で学界に知られるようになった。その後、地元に研究会も結成され、戦時中の四二年には、神代文化研究所という、竹内文書（天津教）を信奉する宗教団体が現地調査をおこなっている。彼らはこの遺跡を素戔嗚尊が東北巡狩の際、建造した日時計と考えていたらしい（大湯郷土研究会『特別史跡大湯環状列石発掘史』)。

一九四六年八月、甲野が江坂らと実施した調査には記者も同行し、『科学朝日』などで報道された（甲野「巨大遺物」）。さらに一〇月には後藤もくわわり、二度目の調査を実施している。ここで見逃せないのは、調査の主体が「（日本）古代文化学会調査団」だったことだ。前章で述べたように、四三年八月に『古代文化』一四巻八号を刊行後、日本古代文化学会は実質的に活動停止状態になっていたが、敗戦をはさんで、戦後も名目上存続していたことになる。

このように、敗戦直後の考古学者の活動では甲野勇の名が目立つが、特に注目されるのは彼が編集にかかわった雑誌『あんとろぽす』である。この雑誌は一九四六年七月から四八年まで一〇号を出しただけで休刊したが、本書で登場した人類学者、考古学者（後藤、甲野、長谷部、清野、直良、杉原、江坂、酒詰、大場、八幡、芹沢など）が寄稿し、さらに折口信夫（民俗学者）、宮本常一（同）らも執筆者に名を連ねている。いまだ学会誌が刊行できないなか（『考古学雑誌』復刊は四七年一〇月、『人類学雑誌』は四八年七月）、『あんとろぽす』は学界関係者にとって貴重な発表の場となった。

またこの時期、東亜考古学会の主導で実施された、北海道網走市のモヨロ貝塚（一九四七・四八年）と対馬（四八年）での調査も興味深い。前章で述べたように、戦前の考古学において中国大陸での発掘調査は重要な位置を占めていた。だが、敗戦後、海外調査が不可能となり、東亜考古学者は国土の最外縁部にある北海道と対馬に向かったわけである。なお、東大の駒井和愛と京大の水野清一の相談により、北海道は東大、壱岐・対馬は京大の考古学教室が調査を担当することになったという（杉村勇造「駒井和愛氏の追憶」）。

だが、こうした敗戦直後の考古学をめぐる混沌とした状態も徐々に落ち着いてくる。そして、日本考古学のその後を決定づけることになったのが、一九四七年夏に始まる登呂遺跡の発掘とそれに続く日本考古学協会の創設であった。

登呂の熱狂

本章の冒頭に挙げた文章は、かつて弥生土器の編年をリードした小林行雄が一九四七年に発表した『日本古代文化の諸問題』中の一節である。本書は、戦後考古学の課題について小林が考えるところを対話形式で述べた著作だが、彼の言葉は敗戦直後の考古学を取り巻く社会情勢をよく示している。皇国史観のくびきから解放された一九四〇年代後半、考古学者自身も戸惑うほど、世間の考古学への関心と期待は高まっていた。

こうした状況下、一九四七年から五〇年まで四年間にわたって実施され、日本中を熱狂に巻き込んだのが静岡県登呂遺跡の発掘にほかならない。

登呂の発見は戦時中にさかのぼる。一九四三年一月、静岡市で軍事工場の建設中、丸木舟などの木製品や土器などが大量に発見された。七月、毎日新聞による報道の直後から、原田淑人、大場磐雄、八幡一郎、後藤守一、杉原荘介らが次々と現地を踏査し、八月には静岡県が中心となって約一〇日間の緊急発掘もおこなわれた。その結果、大規模な水田跡を含む集落の遺跡であることが判明するが、それ以上調査は実施できず、発掘された遺物の一部や発掘記録、報告書原稿も四五年六月の静岡空襲で焼失した。

かくして、登呂遺跡の本格的発掘は一九四六年に本格的に動き出すことになる。戦前の調査に関する報告が雑誌『科学』などに掲載され、冬には、かつて遺跡発見の報を伝えた新聞記者らの音頭により地元に静岡県郷土文化研究会が結成。これに呼応して、杉原(当時、文部省嘱託)や駒井ら在京の考古学者による予備調査が実施され、四七年三月、東大の考古学教室で遺跡調査会が発足する。メンバーは考古学・古代史・建築史・植物学・地質学・農業史学など二十数名、委員長には今井登志喜(東大名誉教授、西洋史家)、幹事に大場、駒井、杉原、島村孝三郎(東亜考古学会、会計)が選ばれた(図7-1)。なお、今井は五〇年三月に亡くなったため、その後、後任として後藤守一が委員長に就任している(日本考古学協会『登呂(本編)』、森豊『登呂遺跡』)。

ともあれ、以下、一年目の発掘調査の様子をながめておこう(図7-2)。

一九四七年七月一三日、発掘の鍬入れ式。調査会を代表して、東大の原田淑人が「登呂遺

委員長	**今井登志喜**(東大名誉教授、西洋史、1950年3月死去)→**後藤守一**(明治大教授)
幹事	**大場磐雄**(國學院大助教授、考古学)、**駒井和愛**(東大教授、東洋考古学)、**杉原荘介**(明治大助教授、考古学)、**島村孝三郎**(東亜考古学会、考古学、会計担当)
委員	**石田茂作**(国立博物館陳列課長)、**犬丸秀雄**(文部省人文科学課長)、**小野武夫**(早大講師、農業史)、**岡山俊雄**(建設省地理調査所)、**黒板昌夫**(文部技官、日本史)、**小林知生**(東京女子大講師、考古学)、**後藤守一**、**斎藤忠**(文部技官、考古学)、**坂本太郎**(東大教授、日本史)、**桜井高景**(東大助教授、化学)、**関野克**(東大教授、建築史)、**多田文男**(東大助教授、地理学)、**直良信夫**(早大講師、考古学)、**前川文夫**(東大助教授、植物学)、**松本信廣**(慶大教授、民族学)、**三木文雄**(国立博物館、考古学)、**亘理俊次**(東大講師、植物学)、**八幡一郎**(国立博物館、考古学)
顧問	**池内宏**(東大名誉教授、東洋史)、**原田淑人**(日本考古学会会長、東洋考古学)、**戸田貞三**(東大名誉教授、社会学)、**渋澤敬三**(日本民族学協会会長)

図7－1　登呂遺跡調査会メンバー（初年度、肩書きは1949年当時のもの）

跡は日本古代史の解明に重要な位置を占めるもので、学界としても空前の体制をもって発掘調査を行なうが、この成否は文化日本建設の試金石である」との挨拶を述べ、大場による発掘計画の説明、県知事の鍬入れなどがおこなわれた。なお、戦時中の調査の際は富士見ヶ原遺跡とも呼ばれていたが、七月二一日、正式に登呂遺跡と名称が決定し、それにともない調査主体も静岡市登呂遺跡調査会となった。

発掘は七月一四日から九月三日まで、集落地区にトレンチを掘り、さらに水田地区の一部が

図7-2　登呂遺跡発掘

調査された。調査には大学生や地元の中学生、青年団有志など大勢の若者が参加し、古代史学徒隊と呼ばれた彼らは、地元の中高生だけでも総計二〇〇〇人にものぼったという。彼らの様子は、現地を訪れた歌人・佐佐木信綱（のぶつな）により「若人ら真夏真昼を学のため黒土掘るを見るに涙ぐまし」と歌われた。

　登呂遺跡の発掘は政府や皇室をも巻き込む、まさしく国家的事業となった。八月一三日、皇太子が学習院の友人と現地を見学し、八月後半には森戸辰男（文部大臣）や荒畑寒村（社会運動家、衆院議員）を含む衆院文化常任委員会の議員一行も現地を視察している。当時は食糧難の時代で、調査参加者が具の少ないスイトンを食べていたことに驚き、国会決議で米二俵が特別配給されることになった。発掘の様子は新聞報道で日々伝えられ、ＮＨＫ静岡放送局は毎週「今週の登呂」と題して発掘の経過などを紹介したという。調査終了後、国立博物館（上野）で一〇月から開かれた「登呂遺跡展」は満員続きで会期を延長し、翌一月まで三ヵ月続いた。

その後、一九四八・四九・五〇年と引き続き夏に発掘調査がおこなわれ、三笠宮（四九年）、義宮、秩父宮妃（五〇年）など皇族の見学も続いた。登呂遺跡は小中高の社会科、歴史教科書に採用され、全国のデパートなどで展覧会が開催され、一九五二年には国の特別史跡に指定されている。

日本考古学協会の誕生と杉原荘介

そして登呂遺跡は現在、日本考古学における最大の学会である日本考古学協会の設立（一九四八年四月）へとつながっていく。これは戦後の考古学にとって重要な出来事なので、少しくわしくみておこう。まず協会が九八年にまとめた「日本考古学協会五〇年の歩み」から該当部分を引用する。

この一九四七年の発掘調査は、登呂遺跡全体からすればわずかな面積にすぎず、本格的な調査が計画されたが、その費用については、今日では考えられないことであるが、国会の協賛による国費の補助があてられることになった。一九四七年の登呂遺跡調査会による発掘調査は、後藤守一明治大学教授への文部省科学研究費という個人の交付金をもとに実施されたものであるが、国費の補助ということになると、調査主体者として全国的な研究者の参加団体たることが求められた。

そこで、登呂遺跡の熱気が冷めない一九四七年一二月に考古学の全国的専門学会設立のための第一回考古学協議会、翌四八年一月に第二回考古学協議会が開催され、同年二月には早くも日本考古学協会設立準備委員会の結成へと進んだ。

こうして、一九四八年四月に設立総会が開かれて、日本考古学協会の発足をみるとともに、同時に一つの特別委員会を設置した。いうまでもなく登呂遺跡調査特別委員会で、前年の登呂遺跡調査会を発展的に改組して、改めて五年計画で登呂遺跡の発掘調査を実施することになった。

ただし、石川日出志によれば、協会創設への動きはもう少し早く始まったようである。一九四六年八月に文部省人文科学研究課長・犬丸秀雄が、国立の歴史科学研究所設立案検討の一環として、日本考古学会の原田と日本古代文化学会の後藤と会談し、さらに一一月、当時文部省につとめていた杉原荘介が中心となって若手研究者で意見交換もおこなった（石川「杉原荘介が日本考古学界に果たした役割」）。

当初、原田は学会再編に慎重な態度だったが、四七年三月、登呂遺跡発掘調査会の発足によって事態は一気に動き出す。八月、森戸辰男文部大臣から、調査の国庫補助を継続するには調査会が全国的な学者の参加団体であることが望ましいと申し渡され、次年度の調査体制整備のため準備委員会が発足。その後、各所での意見聴取と二回の考古学協議会を経て、二月に日本考古学協会設立準備委員会が組織され、四月に設立総会が開催。この間わずか八ヵ月足らずであった。

本書でみたように、一八九五年の創設以来の伝統をもつ日本考古学会がすでにあり、一九四一年には、在野の三団体が糾合して日本古代文化学会も結成されていた。だが、設立の経緯から、前者の対象は主として古墳時代以降であり、後者はあくまで在野研究者が中心、しかも戦中に時局迎合的な文言を振りまいた過去もあった。

石川は、学会再編に原田が消極的だったのは、戦中、国策に沿って諸団体が日本古代文化学会に一本化されたことが想起されたのだろうと推測している。とはいえ戦後の社会状況に適合した、新たな学会組織が求められていたことは確かである。かくして四八年四月、会員数八一名で日本考古学協会が発足し、初代委員長には敗戦まで京城帝大法文学部長をつとめた藤田亮策（東亜考古学者）が選出された。

石川によれば、委員長選出の予備選挙では後藤が得票数一位だったが、本選挙に残った一名の協議の結果、藤田が選ばれたのだという。杉原は後藤を支持しており、「後藤先生を委員長にしたかった」とのちに漏らしていたらしい。

ついでにここで後藤の戦争責任問題について触れておこう。

協会設立の際、予備選挙で一位だったにもかかわらず委員長に選ばれなかったという出来事もあったが、総じていえば、一九九〇年代まで、考古学者のあいだで後藤の戦争責任を問う声はほとんどみられなかったといってよい。戦後、日本古代文化学会を「右翼考古学者の団体」と記し、後藤を「文化戦犯」とも呼んだという山内清男と、敗戦後の後藤の無反省ぶりを批判した近藤義郎（岡山大）の指摘が目立つ程度である（春成秀爾『考古学者はどう生きたか』など）。

これは、後藤の記紀に対する研究姿勢はともあれ、前章でみたように、戦時中は多くの考古学者が戦時体制に組み込まれており、しかも皆で後藤を日本古代文化協会の代表に担ぎ上げた以上、後藤ひとりを非難するのは難しかったからだろう。むろん、後藤が早くから若手研究者の土器編年を評価したことを含め、彼の人望の高さもあっただろう。実際、後藤を批判したといわれる山内も、戦後、彼とともに発掘調査をおこなうなど協力関係は続いている。

さらに、登呂遺跡の発掘と日本考古学協会創設で中心的な役割を果たし、「登呂の鬼」とも呼ばれた杉原荘介の履歴についてもここで述べておく（図7-3）。

杉原は一九一三年、東京日本橋に和紙問屋・杉原商店の三男として生まれた。中学時代に考古学に目覚めたが、長兄・次兄が早世したため杉原商店の社長を継ぐことになり、大学で考古学を学ぶことをいったん断念した。武蔵野会で鳥居龍蔵の指導を受け（第2章）、その後、東京考古学会の森本六爾に師事する（第4章）。東京外国語学校専修科（仏語）、上智大外国語学校（独語科）を経て、一九四三年に明治大学専門部地歴科を卒業。一一月に応召し、敗戦直後、中国で偶然一緒になった江坂輝彌に、兵隊から帰ったら登呂を発掘すると述べたという。なお、応召の際、家業である杉原商店は解散している。

図7-3　杉原荘介

復員後、一九四六年四月から文部省に勤務、国定歴史教科書（『くにのあゆみ』）の編纂にかかわった。四八年に新設された明治大学専門部助教授（翌年、文学部助教授）。五〇年の考古学専攻創設に尽力し、後藤守一とともに明治大学の考古学を率いることになった。五三年に教授、八三年、死去した。最初期の学生として大塚初重（はつしげ）（明治大教授）、芹沢長介（東北大教授）らがいる（大塚初重編『考古学者・杉原荘介』）。

旧石器文化の発見

そして、登呂遺跡発掘と同時期、杉原荘介がかかわった、もうひとつ大きな発見があった。岩宿（いわじゅく）遺跡（現・群馬県みどり市）における旧石器の発見である。第5章で述べたとおり、戦前から多くの人類学者、考古学者が日本列島における旧石器時代の存在証明に期待をかけ、一九三〇年代初めには直良信夫による明石人骨の報告もあったが、結局、日本列島における旧石器時代の存在が証明されることはなかった。

だが日本敗戦後、最初に戦前の「常識」を打ち破ったのが、直良と同様、在野考古学者だった相沢忠洋（ただひろ）である。相沢による岩宿遺跡の発見は、登呂遺跡と同様、戦後考古学にとって画期となる事件として知られる。

ともあれ、ここで簡単に岩宿における旧石器発見の経緯を確認しておこう。以前から考古学に関心のあった相沢は、復員後、納豆の行商の合間に石器や土器を拾い集めることを日課にしていた。一九四六年初秋、行商の途中で彼は、岩宿の道路の切り通しのローム層中に黒曜石でできた打製石器を確認する。さらに四九年七月、石槍を発見した相沢は、ローム層中から石器がとれると確信することになった。

その報告を受けて、アカデミズムに属する考古学者として初めて、日本における旧石器時代の存在を確認することになるのが、明治大学の考古学教室を立ち上げたばかりの杉原荘介であった。細かい経緯は省くが、四九年九月、登呂遺跡発掘中（三年目）の杉原のもとに相沢が採集した石器がもち込まれ、彼は現地調査を決断する。相沢の案内のもと、杉原は大学院生だった芹沢長介らと現地で発掘をおこない、九月一一日、ついにローム層の下層から打製石器を掘り出すことに成功したのである。

杉原は、九月一五日、東大理学部の多田文男（地理学者）に地質調査を依頼し、一九日に大学で記者会見をおこなった（翌日、朝日新聞と毎日新聞で報道）。その後の杉原の行動は素早かった。一〇月二九日、考古学協会の第四回総会（京都）での発表をはさんで、明治大学考古学教室は本調査（第一回：一〇月二一―九日、第二回：五〇年四月一一―二〇日）を実施し、多数の旧石器を発掘する。

むろんこれにより、日本列島における旧石器時代（文化）の存在がすぐに認められたわけではない。たとえば第二回本調査の途中、調査隊の宿舎に山内清男が突然現れ――彼は縄文遺跡の調査のため、隣の市に滞在中だった――、「こんなものは旧石器ではない」と怒鳴ったというエピソードも伝えられている（大塚初重『土の中に日本があった』）。

しかし、一度それまでの「常識」が破られると、新発見が続くのは科学史でしばしばみられる光景である。その後、日本各地で続々と旧石器発見の報告が続き、一九五五年以降、旧石器の存在はもはや特殊な問題ではなくなったといわれる。

こうして日本列島における旧石器文化の存在は公式に認められ、日本の先史時代研究における旧石器・縄文・弥生の三本柱が出そろった。これが時代区分として認められていく経緯については次章で述べよう。

「日本文化」の源流としての弥生

登呂遺跡の発掘と日本考古学協会の創設は、戦後の日本考古学再出発の画期となった。登呂遺跡の話題性により空前の考古学ブームも到来したが、ここで改めて考えてみたいのは、当時、人びとの関心が向かったのが縄文ではなく弥生だったことの意味である。

「はじめに」でも述べたように、現在、縄文は空前のブームとなっているが、同じ敗戦直後の大湯環状列石（縄文後期）をめぐる報道と比べたとき、登呂遺跡への熱狂は明らかに突出している。同時期、東亜考古学会の関係者を中心とする北海道モヨロ貝塚と対馬、さらにグロート率いる日本考古学研究所による発掘調査も日本各地でおこなわれているが、いずれの社会的注目度も登呂遺跡とは比較にならない。

また、日本考古学協会では、登呂遺跡調査特別委員会に続いて、翌一九四九年、山内清男を委員長とする縄文式文化編年研究特別委員会を設置するが、登呂と比べたとき、やはりその印象は薄い。

では、日本敗戦後におこなわれた数多くの考古学調査のなかで、なぜ登呂はここまで注目されたのだろうか。

もちろん、登呂遺跡が学問上、高い重要性をもっていたことは確かである。一九三七年に発掘調査がおこなわれた唐古遺跡（第4章）以上の規模をもつ住居・水田跡である登呂に考古学者の関心が向かったのは自然なことだった。登呂の発掘を主導したのが、かつて古代農耕論を主唱した故・森本六爾の弟子である杉原荘介たちであったことも見逃せない。

また、登呂は東京から比較的近く、在京の研究者にとってのアクセスのよさもプラスに働いただろう。戦前から地元を拠点に登呂の報道に力を入れた記者もおり、在京メディアが競うように報道したことも大きい。

だが、登呂をめぐる熱狂は、何よりそれが日本敗戦まで皇国史観に覆われていた日本の古代史を明らかにする鍵と考えられたこと、そして水田稲作＝「日本文化」の起源の探究ととらえられたことによる。そのためには、農耕以前、あるいは天皇制とは関係をもたない大湯環状列石のような縄文遺跡ではダメだったのである。

ここで、当時、杉原荘介が毎日新聞の学芸欄に寄稿した文章を挙げておこう（一九四七年五月五日付）。

> 戦後、日本の歴史を科学的に見るようになったことは、敗戦によって得た輝しい収穫の一つである。これがためにわが古代史は一応空白のものとなった。事実、日本の国家はどのようにして形成されたのであろうか。
>
> 西暦紀元前後、農耕文化を基調とする大きな政治的勢力が大和を中心として形成されつつあったことは大体確実であり、故にこの勢力が東日本を経営していった過程も農耕文化の普及……のあとをたどることによって端緒を得ることができるのである。静岡県で発見された遺跡は丁度このような事情と時期を物語っているのである。
>
> われわれは本調査によって大和の一地方勢力が全日本的勢力となりつつある過程、すなわち……日本歴史の一コマを知ることができる。……古代日本国家の形成が農耕文化を基礎としたものの上に初めてなしとげられるものであるが、しからば当時の農耕社会あるいは農業経営がどのようなものであったかということになると、現在ほとんど判っていないのである。これが今日、わが古代史に課せられた大きな問題である。

以上の杉原の言葉は、農耕を基礎とする弥生文化が西から東へと伝播したという、一九三〇年代以来の東京考古学会での主張の延長線上にある。だが、それにくわえて、登呂遺跡が「古代日本国家形成」の基礎である農耕文化の実態を明らかにするものと位置づけられている。発掘に学生として参加した大塚初重の言葉を借りれば、まさしく「土の中に日本があった」ととらえられていたのである（大塚『土の中に日本があった』）。

ここで注意すべきは、同時期の学界における農耕文化への関心の高さだろう。今では考えられないほど、当時、稲作＝米こそが日本文化の中心だという感覚は強かった。もちろん稲作＝水田耕作をめぐる日本文化（起源）論は戦前から存在する。そもそも戦前の日本は圧倒的に農村社会であり、民俗学、（農村）社会学、歴史学など、さまざまな学問領域で、日本における稲作文化に関する研究がおこなわれていた。

第4章で述べたように、考古学では、一九三〇年代から稲作の起源が大きな焦点となっていた。弥生は稲作文化だと森本六爾が喧伝する一方、それに先立ち、山内清男も弥生文化を稲作ととらえる議論を提示していた。また、同時期には、マルクス主義者により、生産経済の始まりとして稲作に注目する見方も示されていた。

縄文文化に関しては、戦前以来、イモやクリの栽培の可能性も議論されていたが（縄文農耕論）、弥生文化を稲作とセットでとらえる見方は考古学者にとって共通了解となっていた。

そこに戦後、復活したマルクス主義が強調する単線的な唯物史観が弥生文化＝稲作という見方を強化したわけである。終章でみるように、これに対し一九七〇年代以降、日本文化の本質（起源）を水田稲作に求める文化論への批判も始まるが、登呂遺跡は、戦後の「水田中心史観」に立つ研究の出発点となったのである（安藤広道「「水田中心史観批判」の功罪」）。

また登呂遺跡には、皇太子をはじめ多くの皇族が見学に訪れていることも興味深い。先述したとおり、皇太子はグロートの日本考古学研究所も訪れていたが、皇族による考古学への接近が、象徴天皇制が形成される時期（天皇の人間宣言＝一九四六年一月、日本国憲法＝四六年一一月公布、四七年五月施行）に重なっているのは単なる偶然ではないだろう。皇室の新たなアイデンティティ構築のなかで、皇族による登呂遺跡見学もとらえることができるわけである。なお、三笠宮は五一年に柳田国男らによって結成された「にひなめ研究会」の主宰者でもあり、これは宮中祭祀である新嘗祭を新たな視点から探求しようとする研究会として知られる（菊地暁『柳田国男と民俗学の近代』）。

次に注目されるのは、登呂遺跡に関して、その「平和」な暮らしが強調されたことである。これは古くから指摘されてきたことだが、当時の登呂遺跡の報道や、発掘に参加した考古学者の文章には、敗戦後の「平和」への希求を確かに読み取ることができる。少し長くなるが、一年目の調査で集落地区における発掘を指揮した大場磐雄が翌四八年に刊行した『登呂遺蹟の話』の一節を挙げておこう。

私はその頃の登呂の村とそのまわりの有様とが、丁度蜃気楼のように目に見えるばかりに浮かんで来る。口絵に示した有様はその一場面で、西から東にかけて所々に杉や楠・栗などの大木が立ち並んでいる間に、幾十軒もの住居が外の柵と柵とを隣り合わせて建ち、少しはなれた西側の森林地域には、校倉（あぜくら）造の高床倉が見える。また住宅のある街から森林地帯にかけて一とすじの小川が流れ、その附近からは、きれいにすんだ地下水がこんこんと湧き出しているので、時々頭に甕（かめ）をのせた女の人達が水をくみに来る。春は摘草夏には蛍狩と、小川のあたりは部落の人々のよい散歩地であったろう。住宅地の東から南にかけては、広々とした田が作られ、きちんと整った畦道がとおく海岸の近くにまでも続いている。

頭をあげれば眼の前には清く美しい富士の、神々しい高峯がそびえている。そのころ富士山はまだ頂から煙を吐いていたことだったであろう。だから登呂部落の人たちは、この偉大な山の姿をみて、心をうたれそこに神の存在をおもい、きっと崇敬のこころを捧げていたであろう。秋の穫り入れに一しきり多忙な毎日を過すと、つづいて豊かにみのったよろこびを神へささげるために、部落全体のお祭りが行われるのだ。

こんな平和なその日その日を一体ここでどの位の間すごしたのであろうか。もちろんその間には、人の世の常として、いろいろな事件が起ったことであろう。暴風や洪水に苦しめられたこともあったろう。しかし今はここのすべてが土に埋れてしまっている。そして私たち考古学者の手によってその秘密が明かにされるおりをまっている。

なお、一九八六年に発掘が始まる佐賀県の吉野ヶ里遺跡は、弥生時代にも戦争の跡があったことを示すものとして有名である。もちろん、遺跡の地域の違いもかかわっているが、登呂遺跡の「平和」と吉野ヶ里遺跡の「戦争」のイメージは、それぞれの発掘がおこなわれた時代背景をふまえてながめる必要があるだろう。

それはともかく、登呂遺跡の発掘終了後も、考古学協会による農耕文化に関する研究は続いていく。一九五一年には弥生式土器文化総合研究特別委員会（委員長：杉原荘介）が設置され、西日本各地の弥生遺跡の発掘調査が進められた。その一環としておこなわれた土井ヶ浜遺跡（山口県下関市）などの発掘により、金関丈夫は新たな日本人起源論を提唱することになる（第8章）。

ついでに補足すれば、稲作の起源をめぐる問題は、考古学以外の分野でもさまざまな研究プロジェクトにつながっていく。本書では扱わないが、その代表例として、日本民族学協会主催による「東南アジア稲作民族文化総合調査団」の海外派遣（一次―三次、一九五七―六三年）をあげることができる。

山内清男の復権と狩猟採集文化としての縄文

山内清男は一九四七年、東大人類学教室の専任講師、翌四八年には日本考古学協会内に設置された縄文式文化編年研究特別委員会（一九四九―五四年）の委員長となった。

また一九五四年一〇月、山内は、長谷部言人、後藤守一、藤田亮策、岡正雄とともに、皇居で天皇に対して五日間のご進講をおこなっている。当時、山内が日本を代表する人類学者、考古学者のひとりと目されていたことがうかがえるが、東大人類学教室で同僚だった鈴木尚（ひさし）によれば、山内のもとには教えを請うため若い考古学者などが訪問し、学外の訪問客は彼が一番多かったという（山内先生没後二五年記念論集刊行会編『画龍点睛』）。（図7－4）

こうして、山内清男はまさしく絶頂期を迎えたわけだが、ここで注目したいのは、戦時中ほぼ孤立状態だった彼が復権したのは、敗戦にともなって考古学の準拠枠が変わったからだという大塚達朗や内田好昭らの指摘である（大塚『縄紋土器研究の新展開』、内田「用語「弥生式時代」の採用時期とその背景」）。

大塚によれば、敗戦にともない、植民地帝国が崩壊し、日本列島に閉じ込められた戦後の

図7-4　ご進講時の記念写真　左より藤田亮策、山内、長谷部、後藤、岡

日本考古学に適合していたのは、東京人類学会、日本古代文化学会に象徴される戦中の主流考古学者ではなく、日本人（日本文化）の連続性・一系性に重点を置く山内の理論だった。これは、本書の呼称でいえば人種連続モデルに相当する。

戦後の山内清男の位置については、人類学者の理論とあわせて次章で検討する。ただ、ここで確認しておくべきは、先述したとおり、登呂遺跡への社会的注目もあり、弥生文化が水田耕作＝生産経済の出発点とみなされると同時に、縄文文化は狩猟採集社会というイメージが強まっていったことである。

第4章で述べたように、こうした理解はすでに一九三〇年代に山内清男やマルクス主義者の古代史家によって提示されていたが、敗戦後、考古学者の枠を越えて広がっていった。縄文と弥生の時代区分も次章で再論するが、山田康弘によれば、こうした縄文と弥生のイメージはおおむね一九六〇年代に確立したという（山田『つくられた縄文時代』）。

ただし、登呂＝弥生文化に対する熱狂に比べたとき、この時期、縄文研究は地味にみえたことも否めない。日本文化の源流とされた弥生文化に対して、停滞した原始社会とみなされた縄文文化はどちらかといえば日陰の存在だった。たとえば、近年の縄文ブームを多角的に検討した古谷嘉章（よしあき）は「一九四〇年代後半には、水稲農耕の弥生文化が日本文化の原点に据えられる一方で、「貧しく遅れた」縄文文化は前座か露払いのような地位に甘んじていた」と総括している（古谷『縄文ルネサンス』）。

そして、ここで改めて注意すべきは、日本文化論のなかでの縄文文化の位置である。「まえがき」で述べたとおり、現在、一種のブームとなっている縄文は、しばしば日本の基層（深層）文化として語られるが、少なくともこの時点で、そうした見方は明確な姿を現していない。この問題については終章で述べよう。

第8章　人種連続モデルと縄文／弥生人モデル

弥生文化とともに、頭長、頭幅、頭長幅示数の点では、日本石器時代人と大差のない、しかし、身長の点では、遥かに後者を凌駕する、新しい種族の相当な数が、新渡の種族として日本島に渡来し、北九州地方のみならず、畿内地方にまでひろがった。しかるに、これにはその後ひきつづいて渡来する後続部隊がなかった。また、その数においては、在来の日本石器時代人に比して遥かに少なかったから、時代を重ねるとともに、その特異の形質、すなわち長身が、しだいに、在来種の形質の中に拡散し、吸収されて、ついにその特徴を失うに至った。

（金関丈夫「人種の問題」一九五五）

ニッポナントロプスと原人の時代

登呂遺跡の発掘が国民的熱狂を引き起こし、考古学が空前のブームを迎えていた一九四〇年代後半、自然人類学の領域でも世間を騒がせる出来事が起こっていた。長谷部言人による明石原人説の提唱である。

東大定年後も人類学教室で研究を続けていた長谷部は、一九四七年一一月、教室に保管されていた人骨の写真と石膏模型を（彼の言によれば）偶然発見する。第5章で述べたように、三一年に兵庫県明石市の海岸で直良信夫が旧石器時代と推測される人骨（腰骨）を拾い、鑑定を東大の松村瞭に依頼した。この人骨は学界関係者のあいだで大きな話題となったが、結局、否定的な評価で終わり、直良に返却された骨も戦時中空襲で焼失してしまっていた。

だが松村は、人骨をあずかった際、直良に知らせぬまま精巧な石膏模型をつくらせていた。松村は一九三六年に急死し、いつしか模型の存在も忘却されてしまったが、長谷部の「再発見」により、再び明石人骨は脚光を浴びることになったのである。

長谷部はさっそく日本地質学会の例会（一一月二九日）で人骨の写真と石膏模型を紹介し、最新世［更新世］の女性の骨らしいと発表（その後、男性と修正）。さらに翌四八年七月、『人類学雑誌』に「明石市附近西八木最新世前期堆積出土人類腰骨（石膏型）の原始性に就いて」

という論文を発表する。長谷部は、「学名ではなく、便宜上の名称」と断りながらも、Nipponanthropus akashiensis（ニッポナントロプス・アカシエンシス）と命名し、これ以降、その骨は明石原人などと呼ばれるようになった。

　ここでまず注目されるのは、長谷部がこの人骨を北京原人やジャワ原人と同時代のものと主張したことである。先述のとおり、戦前、北京原人の発見は日本の人類学関係者の大きな関心を集めていた。開戦時に北京原人の化石は行方不明となり、戦時中、周口店を訪れたことのある長谷部はGHQから事情聴取も受けていた。こうした北京原人をめぐる記憶が明石原人説の提唱につながったのは確かだろう。

　しかも、同年夏の登呂遺跡発掘が大きな社会的注目を集めていた。人類学の権威である彼が「自分も」と考えた可能性は高い。直良信夫の回想によれば、当時、清野謙次は「長谷部は功名心にかられているのだ」ともらしていたという（高橋徹『明石原人の発見』）。ちなみに、長谷部は翌年度から登呂遺跡調査会メンバーにもくわわっている。

　もちろん、明石人骨が北京原人と同時代のものであれば世紀の大発見である。「再発見」直後に長谷部は文部省の学術研究会議（一九四九年、日本学術会議に改組）に特別研究費の申請をおこない、翌四八年、彼を委員長とする「明石西郊含化石層研究特別委員会」（人類学班、地質学・古生物学班、地球物理学班、地理学班、植物学班）による総合調査がおこなわれることが決定した。研究費として六五万円が計上、これは同年の登呂遺跡の調査費七〇万円とほぼ同額である。

ただし、委員はすべて東大関係者で占められ、発見者である直良信夫に対しては、石膏模型発見直後に人類学教室の大学院生（渡辺仁、のちに東大教授）を介して問い合わせがあっただけで、彼は蚊帳の外におかれてしまった。やはり直良によれば、それを知った後藤守一は「直良を抜きにして事を進めるのはけしからん」と述べていたという。

当然、明石人骨は大きな社会的関心を集め、新聞各紙で報道されることになった。たとえば毎日新聞の記事（「明石の日本原人　七〇万年前、世界最古か」一九四八年九月八日付）は「五十万年前の人類の祖先北京人の頭蓋骨が行方不明となって世界の学界におしまれているおり、わが国にこれよりさらに古い七十万年前のものと推定される化石人骨の腰骨が発見されていたことが人類学の権威元東大名誉［ママ］教授長谷部言人博士によって証明された」と報じている。

「特別委員会」による現地調査は一九四八年一〇月二〇日から約一ヵ月にわたって実施されたが、旧石器時代の遺物を発見するのはそう簡単なことではない。しかも、直良を欠いたままだったこともあり、発掘がおこなわれたのは本来の発見地点とは異なる場所であった。春成秀爾によると、長谷部は調査への期待が過大になることをおそれていたともいうが、結局、「特別委員会」は有意義な成果を得られず、四九年三月に「明石西郊含化石層研究特別委員会報告」を文部省に提出して終了する（春成『「明石原人」とは何であったか』）。

したがって、端的にいえば、長谷部の目論見は失敗に終わったわけだが、その後も彼は明石人骨や「ニッポナントロプス」について語り続けた。長谷部の名声や翌年の岩宿遺跡発見も影響したのだろう。明石人骨は一九五五年頃から高校日本史の教科書にも掲載されるようになり、明石原人の名は広く世間に知られることになった。

そしてここで見逃せないのが、長谷部による明石人骨「再発見」を契機に、直良信夫も旧石器時代人骨への情熱が再燃し、「葛生原人」（Homo? Tokunagai［マママ］、栃木県葛生町、一九五〇年）、「日本橋人類」（Homo nipponbashiensis、都内中央区日本橋、一九五一年）、「日比谷人」（都内中央区日比谷、五一年三・四月）と、次々に古人骨の報告・命名をおこなっていることである。しかも、「葛生原人」と「日本橋人類」については、直良と親しい清野謙次がお墨付きを与えている。直良には長谷部への意趣返し、清野には長谷部へのライバル意識もあっただろうが、敗戦後、このように「原人」の発見報告が相次いだことは、登呂をめぐる熱狂と同様、人類学・考古学を取り巻く社会状況が一変したことを示している。

実はこれらの直良が報告した骨は獣骨あるいは中世・江戸時代の人骨であり、すべて誤りであったことがのちに判明する。また、明石人骨の石膏模型については、一九八二年、人類学者による再計測の結果、旧石器時代のものではないと結論され、八五年には春成率いる歴史民俗博物館による再発掘もおこなわれたが、大きな成果は得られなかった（春成『「明石原人」とは何であったか』）。当然、現在では教科書にも掲載されていない。

戦後の清野説

第6章でみたように、かつて人種交替モデル批判の主唱者だった長谷部言人や清野謙次の戦時中の言論活動は、彼らなりの国策への応答でもあった。では、「原人」発見が騒がれていた時期、彼らは日本人の起源についてどのような議論をおこなっていたのか。

敗戦後、いち早く日本人起源論の著作を発表したのが、戦時中、太平洋協会を拠点に活動していた清野謙次である。

彼は、敗戦の翌年から『日本民族生成論』（一九四六）、『日本歴史のあけぼの』（一九四七）、『古代人骨の研究に基づく日本人種論』（一九四九）、『日本貝塚の研究』（一九五五、死後刊行）と、自らの研究の総決算となる著作を相次いで刊行していく。このうち『日本民族生成論』と『古代人骨の研究に基づく日本人種論』は戦時中に書き上げ、出版社に渡していた原稿をそのまま刊行したものである。たとえば『日本民族生成論』の「緒言」には次のようにある。

私達の信ずる所では日本人は国初以来日本の住民である。日本人は石器時代の太古から日本に住居して、漸次に文化を高めて金石併用期に入り、遂に金属時代に達した。従って日本人の古代文化は石器時代に連続しているのである。この永い年月の間に周囲民族からの混血は絶え間も無く起って体質を変化せしめ、また新文化へ変化と向上とがあった。しかし日本種族は日本群島内でこの異種族を融化し、一国一大種族を成して、今日東亜に雄飛するの素地を形造った。日本国こそは徹頭徹尾、日本人の故郷なのである。

多少の修正がおこなわれた可能性はあるが、基本的に戦時中と同じ語りであることは明らかだろう。

だが戦後、新たに書き下ろした『日本歴史のあけぼの』でも、清野の認識は基本的に変わっていない。序文で「今や日本は新しい文化国として再出しようとする時です」などと述べられているものの、「建国以前の事態を語るものとしては、神代史が唯一の手掛り」と、建国神話を重視する態度をとっている。しかも、そこで描き出される日本人の歴史は、戦中と同様、「石器時代から金属時代への移行」「民族開放期（第一回）」「民族閉鎖期」「民族開放期（第二回）」というものである。さすがに「東亜」への「雄飛」は語られていないが、そう簡単には戦前の価値観を脱却できなかったということだろう。

しかし、清野の戦時中の言論活動は忘却あるいは軽視され、彼の日本人起源論は、戦後の新たな政治状況下でも大きな支持を集めることになった。

特に注目されるのが、戦後、復権したマルクス主義者の清野評価である。たとえば『日本歴史』創刊号（一九四六）で、禰津正志（歴史家、著述家）と木代修一（歴史家）の論考（禰津「日本民族と天皇国家の起源」、木代「日本民族の構成」）が清野説を好意的に紹介している。第3章でみたように、禰津は一九三〇年代から清野説を高く評価していたのに続き、ここでも清野説にもとづいて、アイヌや琉球人も「石器時代以来のわが同胞」だと述べている（禰津　一九四六）。また、木代によれば、「日本石器時代人がそのまま後来日本人の地盤をなした」とする清野説は、いまや「直接間接その支持を強めつつある」という（木代　一九四六）。

さらに民主主義科学者協会（民科）が発行する『歴史評論』三巻四号（一九四八）では、清野の『日本歴史のあけぼの』の書評がおこなわれている。そこでは、一〇〇〇体近い古代人骨を生物学的におこなうことで、「この国土で人が住むようになって以来、生い育った者が日本人種であり、日本人種の故郷は日本国である」ことを清野の三〇年以上の研究が立証したと肯定的な評価がおこなわれた。

ただし、清野による日本の歴史や神代史に関する（戦前的な）認識は批判されていることも見逃せない。清野の天皇賛美を「何とも不思議の感に堪えない」と述べ、「自然科学の面から原始時代史に大きな照明を与えられた著者が、歴史を論ずるとなると、保守反動的常識論に終始されていること」は「遺憾の極み」だと評している（無署名「清野謙次著『日本歴史のあけぼの』」）。

戦後の長谷部説

では、明石原人説を唱えた長谷部言人の場合はどうか。次に戦後の長谷部の日本人起源論をみてみよう。

第6章でみたように、長谷部は一九三八年、東大人類学教室に着任後、日本人の起源について語り始めていたが、彼の理論が広く知られるようになったのは戦後になってからのことである。一九四九年に長谷部は『日本民族の成立』と「人類の進化と日本人の顕現」（『民族学研究』一三巻三号）を相次いで発表し、その後さらに『日本人の祖先』（一九五一）、「日本人の生い立ち」（一九五四）などで、自らの日本人起源論を積極的に社会に問うようになった。

ちなみに、「人類の進化と日本人の顕現」は、当時『民族学研究』の編集を担当していた石田英一郎（民族学者）の依頼で書かれたものであり、同誌に掲載された有名な座談会「日本民族＝文化の源流と日本国家の形成」に対する批判となっている。この座談会については、あとで触れよう。

清野と同様、長谷部の日本人起源論の骨格は戦時中と同じである。すなわち、（一）日本人の先祖は石器時代から日本列島に住んでおり、先住民族は存在しない、（二）現代日本人にいたるまで、（清野が主張するような）混血はなかったというのが彼の基本的主張となる。

第6章でみたように、戦時中の長谷部は、皇国史観への配慮のためか、日本人の祖先の日本列島への「移住」を否定する一方、「人類初発ののち間もなく」から日本列島を「占居」していたという少々奇妙な議論をおこなっていた。

では、明石原人がやがて日本人となったのか。だが、長谷部は、明石原人を日本人の祖先とは考えていない。彼は『日本民族の成立』で、「ニッポナントロプスの子孫がひきつづき日本に住居し、繁殖して、石器時代人になったかというにこれははなはだ疑問」だと述べ、彼らの絶滅後、新たに石器時代人（「最新世末期の後古石器時代人ないし早い頃の新石器時代人」）が当時残っていた陸路をたどって九州に到達したのだろうと推測している。第5章で述べたように、戦前日本の旧石器時代研究が日本人起源論と接続することはなかったが、こうした状況は敗戦後も変わらなかったといってよい。

また清野とは異なり、戦後の長谷部説では建国神話は後景に退いている。『日本民族の成立』の冒頭で日本書紀や神武天皇、伊弉諾（いざなぎ）・伊弉冉（いざなみ）などへの言及はあるものの、日本人の起源についての説明は基本的に人類学・考古学の知見だけに依拠している。

さらに、戦時中と大きく異なるのは、ここで長谷部が日本人の「顕現」を語るようになっていることである。「人類の進化と日本人の顕現」は次のようにいう。

日本人がいつ成立したとはいえないことである。しかし古墳時代を経た頃から、ようやく日本人らしくなって来たとはいえよう。……現代日本人を標準として、それと見まちがうことないような骨格風貌をそなえた民族たることが明かになった。ここに到達するまでは、血統は同じでも、ややもすればアイノと見あやまる位にちがっていたこともある。……人類進化の事に想いいたれば世間で日本人の成立というのは、日本人の顕現manifestationとでもいうべきことの誤まりにすぎないのである。

長谷部によれば、血統が同じでも、進化の過程で「骨格風貌」は変化してきたのだから、安易に日本人の「成立」を語るべきではないのである。

第3章でみたように、かつて清野謙次は、日本石器時代人と現代日本人とは体質に大きな違いがあるので、両者は別の「人種」とみなすべきだと述べていた。清野の場合、こうした区別はその後消失したが、この長谷部の言葉は、日本人は太古以来、日本列島の住民であるといった言い方への批判意識だといってよい。確かに長谷部の認識は戦中とは変わったのである。

長谷部の『日本人の祖先』については、先述の爾津正志がやはり民科の『歴史評論』六巻三号で書評している。ただし、少なくとも爾津の場合、長谷部説の評価は明らかに低い。細かい論点は省くが、爾津は長谷部説に対する疑問点を細かく挙げたうえで、「本書では、われらの祖先の問題については何一つ解決されていないし、博士の主張はほとんど独断にちかく、安心して青少年や教員諸君にすいせんできる本でないことを、残念ながら認めないわけにはいかない」とまで述べている（ねず「書評：日本人の祖先はアイヌ人か？」）。

むろん、ひとつの書評だけから判断するのは早計であり、爾津の長谷部説に対する低評価（と清野説の高評価）は、彼がかつて京大の濱田耕作のもとで学んだことも関係しているかもしれない。だが、膨大な人骨計測データを誇った清野と比べ、この時点での長谷部の主張は仮説の域を出るものではなかった。長谷部説が、清野説と並ぶ日本人起源論の二大学説（混血説と変形説）という評価を獲得するのは、のちにみるように、長谷部説を発展させた鈴木尚の理論が人類学者の支持を得るようになってからのことである。

石器時代から旧石器・縄文・弥生時代へ

次に注目したいのは、これらの著作や論文で、清野謙次と長谷部言人がともに縄文と弥生を時代区分として用いるようになっていることである。

清野は、戦中に刊行した『日本人種論変遷史』では、「弥生式土器」から「祝部式土器」（古墳時代の土器、須恵器）への「文化史」上の変化には触れているものの、特に縄文と弥生の変化には言及せず、一括して「石器時代（人）」という伝統的な呼称を用いていた。

それに対して、一九四九年の『日本歴史のあけぼの』では、「日本石器時代文化」の下位区分として「縄文式文化」から「弥生式文化」への移行を語り、さらに「結語」で、一部「弥生式土器時代」「弥生式時代」という表現も用いている。「時代」が縄文には付かず弥生に付いているのは、弥生が石器時代から古墳時代への移行期だという了解からだろう。

長谷部の場合は、「人類の進化と日本人の顕現」や『日本民族の成立』で、「縄文土器時代」「弥生土器時代」という時代区分、さらに「縄文土器時代人」「弥生土器時代人」という呼称も用いている。これは長谷部が東大や人類学会で身近に考古学の動向を知ることができる立場にあったことも関係しているだろうが、「石器時代（人）」という呼称を使っていた戦時中とは清野以上に大きな違いをみせている。

第4章でみたように、一九三〇年代初めから、森本六爾や彼が主宰する東京考古学会で、縄文時代（「縄文式時代」）、弥生時代（「弥生式時代」）という呼称の使用は始まっていた。ただし、戦前の人類学・考古学では石器時代が正式な時代区分であり、しかも「縄文文化」「弥生文化」という用法が「縄文時代」「弥生時代」を圧倒的にしのいでいた。

また、敗戦後の清野や長谷部による「縄文（土器）時代」「弥生（土器）時代」という表現は、あくまでも石器時代（あるいは金石併用時代）の下位区分として用いられている。したがって、正式な時代区分として縄文と弥生が採用されたわけではないが、土器による時代区分を人類学者も用いるようになったのは象徴的な事態といえるだろう。

では、この時期、考古学者による縄文、弥生の使用はどうなっていたのだろうか。時代区分としての縄文と弥生が考古学者に広がっていく過程については、内田好昭や山田康弘がくわしく検討しているので、ここで彼らの議論を参照しよう。

内田によれば、敗戦後から主要学術誌における「弥生式時代」という言葉の使用頻度が増大し、一九五〇年代後半には「弥生式文化」という呼称を圧倒するという（内田「用語「弥生式時代」の採用時期とその背景」）。また、山田によれば、四〇年代後半から、登呂遺跡の報告書『登呂・前編』（一九四九）などで、「弥生式文化時代」「縄文式時代・弥生式時代」といった言葉の使用が認められるものの、五〇年代には縄文時代、弥生時代という言葉は完全には定着していなかった。だが、六一年に刊行された日本考古学協会編『日本農耕文化の生成』（第7章）では、「弥生式文化の時代」といった表現は消え、「弥生時代の文化」という形で記述がおこなわれていたという（山田『つくられた縄文時代』）。

したがって、縄文時代と弥生時代（およびそれに先立つ旧石器時代）という時代区分が確立したのはおおむね一九六〇年前後ということになる（何年が画期かはそれほど重要ではない）。ともかく、日本敗戦後から五〇年代にかけて、従来の石器時代（およびその後の金属器時代）から、縄文時代・弥生時代へとゆるやかに考古学者の時代区分の方法は変化していったわけだ。

当然、考古学者のあいだで時代区分としての縄文時代と弥生時代が確立したことは、人類学者の認識にも影響を及ぼしただろう。先に述べた清野謙次や長谷部言人の用語法の変化もまたこうした流れのなかにあったのである。

そして、ここで何より注意したいのは、こうした用語法の変化は、日本人起源論にも不可避的な変化をもたらしたということである。

繰り返しとなるが、本書でここまでみてきた戦前の日本人種論は、基本的に石器時代というヨーロッパ流の時代区分を前提に組み立てられていた。また、第6章でみたように、戦時中には数人の考古学者が縄文人と弥生人に相当する呼称を用いるようになっていた（縄文／弥生人モデル）。ただし、そこでいう縄文人と弥生人はあくまでも縄文文化と弥生文化の担い手（＝民族）という意味であり、時代区分の意味合いは少なく、しかも、人類学者が扱う生物学的（＝「人種」）的含意は回避されていた。

だが、縄文時代と弥生時代という時代区分が確立すれば、もはや人類学者が石器時代人という「人種」について語ることはなくなる。人類学者もまた縄文と弥生という、考古学の枠組みで日本人の起源を研究する時代が到来したのである。

しかし研究者には、まだ解決すべき問題が残されていた。縄文（時代）人と弥生（時代）人は、長谷部や清野がいうように、基本的に同じ血統の集団（人種）であり、これらの呼称はあくまでも時代（文化）の違いにとどまるのか、それとも両者のあいだには、何らかの生物学的（＝人種的）違いがあると考えるべきなのだろうか。

弥生文化の担い手は誰か

弥生文化は大陸由来であり、おそらく北九州から日本全土に広がっていった。したがって縄文文化から弥生文化への移行には地域によってズレがある。第4章でみたように、一九三〇年代にはそう考える考古学者の方が主流だった。たとえば京大の濱田耕作は一九三五年に東北地方では縄文文化は鎌倉時代まで残ると述べており、東京考古学会の小林行雄らは北九州で発見された弥生土器（遠賀川式土器）の東漸を語っていた。

もちろん、彼らが想定していたのは弥生文化の伝播であり、弥生文化の担い手が大陸から渡来したことまで自信をもって述べられていたわけではない。彼らは考古学者である以上、「人種」の問題は人類学者にゆだねざるをえなかったからである。

だが、縄文と弥生に関する人類学者の認識は違っていた。先にみたように、混血の評価は別にして、日本人の祖先は連続して日本列島で縄文文化（石器時代）から弥生文化の時代へと移行したというのが、戦時中から長谷部、清野の共通認識となっていた。

したがって、人類学者の日本人起源論と相性がよい考古学理論は、敗戦後、東大人類学教室の講師となった山内清男のものだった。これも第4章で述べたとおり、一九三〇年代から山内は、縄文文化が弥生文化の母胎であり、しかも縄文から弥生への移行は日本列島全域でほぼ同時期だと主張していた。戦時中、山内は考古学界で孤立状態に置かれていたが、戦時中から日本人起源論の大勢は山内の主張に沿う方向に向かっていたのである。

むろん、日本人起源論との相性だけで語ることはできないが、ここで敗戦後の考古学における山内の復権を示す後藤守一の言葉を引用しておこう。

最近は山内清男君が前から説かれていたように縄文式土器が大体に終わって弥生式土器の時代となるということが漸次に明らかになるし、しかもその終末期または終末期に近い頃の縄文式土器が弥生式土器の母胎となっているものもあることが考えられることになった。自分はもとより縄文式文化研究では門外者であったにかかわらず、かつては座談会とかまたは他の機会に盲目蛇におじずに山内君の所説に異議申し立てたこともあり、今日では汗顔に堪えない次第と思っている。
（文化財保護委員会編『吉胡貝塚』）

そして大塚達朗によれば、山内清男の考え方は、植民地帝国から日本列島へと領土が縮減した敗戦後の日本社会に合致していた。敗戦にともない、日本を扱う学問でも〈大日本帝国〉的日本観の根拠は失われ、〈島国日本〉を念頭に置かざるをえなくなり、日本列島〈内〉を与件とせざるをえない事態が始まった。その方向で学問を進めることが「進歩的」で、記紀神話を参照する考古学は社会的支持を失った。そのため、「日本考古学界において、唯一〈島国日本〉的日本文化論の整合性を有する」山内の理論が「準拠参照枠」として尊重されるようになったという（大塚『縄紋土器研究の新展開』）。

だが、縄文から弥生への移行の時間的ズレの問題はともかく、弥生文化の担い手をどう考えるのか、本当に大陸からの人間の渡来を想定せずに弥生文化の成立を説明できるのかという問題は未解決のまま残されていた。

そこで次に取りあげたいのが、先述した長谷部言人の「人類の進化と日本人の顕現」が掲載された『民族学研究』（一九四九）誌上でおこなわれた座談会である。これは、石田英一郎の司会により、これまで本書で登場した岡正雄、江上波夫、八幡一郎が「日本民族＝文化の源流と日本国家の形成」についての持論を語り合ったものであり、一般には江上波夫の騎馬民族説が世に出たことで知られている。

そのなかで、かつて「編年学派」の一翼を担った八幡は、「私は縄文式文化をになった人々と別個な系統の人々が、日本以外の地域から弥生式文化を身につけて日本にやってきたのだと考えている」と断言している。八幡によれば、彼らは前漢のころ日本に渡来し、西日本、特に九州各地に上陸し、瀬戸内地方を東方に進み、中部日本一帯に拡散、さらに太平洋を東北地方へのびていった。「その場合新来人が新文化をになって進んだこともあり、新文化のみが縄文時期文化人の中に拡がったこともあった」と彼は述べている。

これは、戦前の東京考古学会流の主張であり、かつて山内清男が批判対象としたものだが、こうした考え方に立つ考古学者の急先鋒が小林行雄だった。第４章でみたように、小林は戦前から「弥生式文化人」の大陸からの渡来を想定していた。彼は、一九五一年に刊行した『日本考古学概説』で「諸文化現象の伝来がわが国に弥生式文化を成立せしめたという解釈には、きわめて率の高い妥当性があるといわねばならない。それが新しい文化を携えて渡来した人々の一団によって拡げられたと考えることにも、また十分な可能性がある」としたうえで、こうした解釈が抱える困難について次のように述べている。

今日なおこの解釈に賛意を表するにいたらぬ学者があるのは、一つには朝鮮にはわが前期の弥生式土器と同様な、あるいはそのさらに古い様式と目するにたる土器の発見が不十分であるということと、また一つには人類学者の主張する、日本人は石器時代以来人種的に変っていないという説に信頼して、弥生式時代の発足を国内的な原因によって説明しようとしているからであろう。はたしてそのような理由で、弥生式時代のはじめに新しい生活をわが国に移し植えた人々の渡来を拒否しうるか否か、それは今後に残された大きな課題である。

さらに、八幡とともに『民族学研究』の座談会に出席していた江上波夫も、その後、座談会記録が単行本として刊行された際に付けた「註」のなかで、上記の小林の意見に「共鳴せざるをえない」と述べている（石田ほか『日本民族の起源』）。皇国史観への配慮から、戦中には弥生文化の担い手が大陸から渡来したことを主張するのは難しかったが、日本敗戦後はこうした配慮をする必要もなくなった。本書では扱わないが、四世紀から五世紀に騎馬民族が大陸から渡来し、大和王朝を樹立したとする騎馬民族説も、戦後だからこそ可能となった大胆な仮説だといってよい。

したがって敗戦直後の時点で、一方に長谷部、清野、山内のように、縄文から弥生（さらにその後）への「人種」的連続性を想定する立場（人種連続モデル）、他方に縄文文化と弥生文化の担い手の「民族」的違いを想像する立場（縄文／弥生人モデル）のふたつがあったことになる。多くの考古学者の悩みは、人類学者がなかなか弥生人の渡来を認めてくれないことだったのである。

金関丈夫と渡来説の登場

登呂遺跡の発掘に続いて、日本考古学協会は一九五一年に「弥生式土器文化総合研究特別委員会」を設置、西日本各地で発掘調査を開始する。共同研究は五八年まで続き、発掘調査をおこなった主要遺跡は二五に及んだ（日本考古学協会編『日本農耕文化の生成（本文篇）』）。

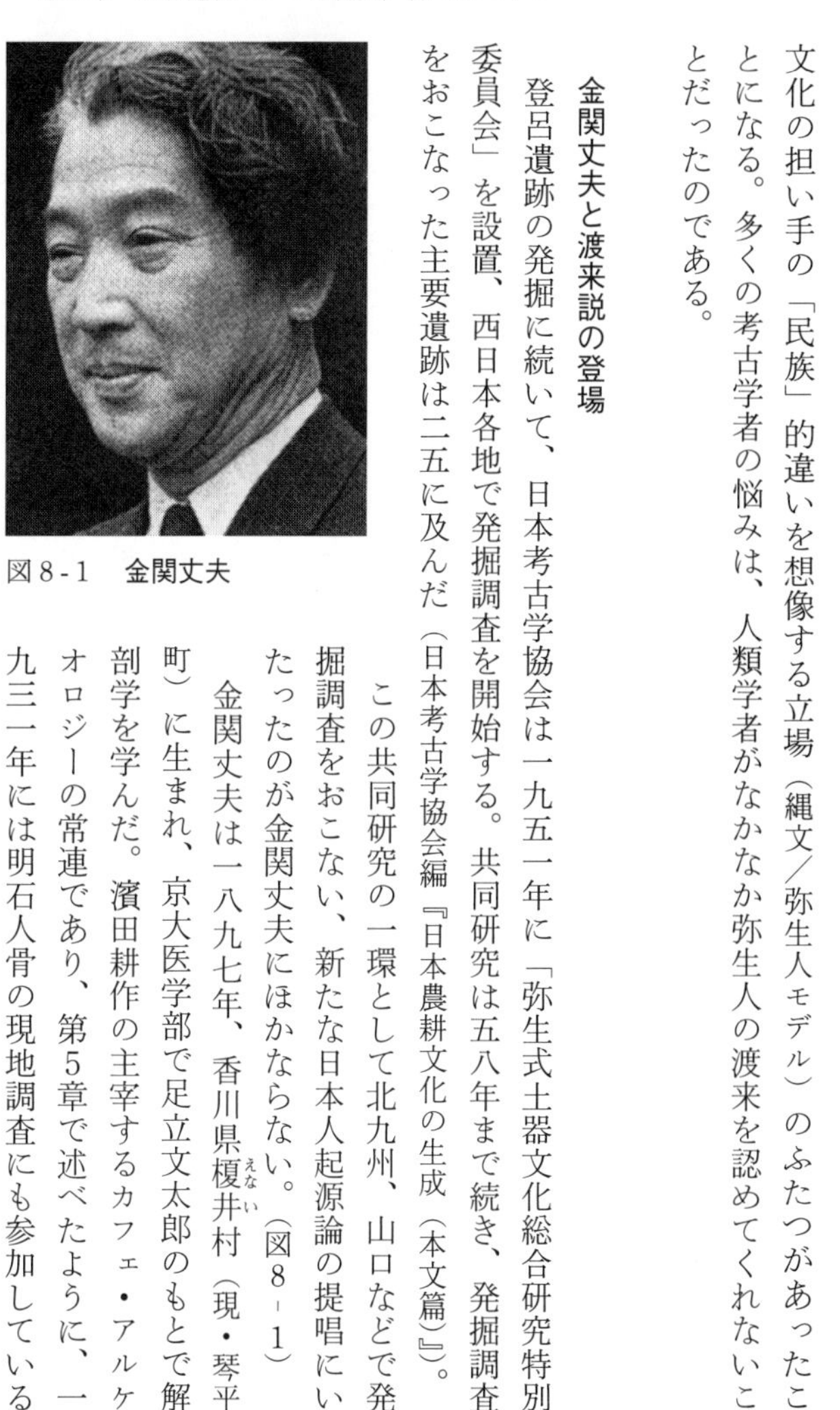

図8-1　金関丈夫

この共同研究の一環として北九州、山口などで発掘調査をおこない、新たな日本人起源論の提唱にいたったのが金関丈夫にほかならない。（図8-1）

金関丈夫は一八九七年、香川県榎井村（現・琴平町）に生まれ、京大医学部で足立文太郎のもとで解剖学を学んだ。濱田耕作の主宰するカフェ・アルケオロジーの常連であり、第5章で述べたように、一九三一年には明石人骨の現地調査にも参加している。

京大医学部助教授を経て、三四年、台北医学専門学校に教授として赴任（三六年より台北帝大医学部教授）。日本敗戦後の五〇年に九大医学部教授に就任した。九大退官後は鳥取大学、帝塚山学院大教授を歴任し、八三年死去。考古学者・金関恕（ひろし）は丈夫の次男である。

金関は人類学・考古学にとどまらない幅広い学識の持ち主であり、その学問は「金関学」とも評される。また、台湾時代に金関が同志とともに刊行した『民俗台湾』（一九四一—四五）は台湾に暮らす漢族の民俗を記録しようとしたユニークな学術誌だが、第4章で触れた『ドルメン』をモデルにしているといわれる。

さて、金関丈夫率いる九大医学部の解剖学教室は、一九五三年、三津永田（みつながた）遺跡（現・佐賀県吉野ヶ里町）や土井ヶ浜遺跡（現・山口県下関市）などで発掘を開始し（土井ヶ浜遺跡は五七年まで）、この発掘調査は予想以上の成果を生み出すことになった。

本書でここまでみてきたとおり、戦前、縄文時代の人骨は相当数発掘されていたが、弥生時代には貝塚があまりつくられず、また期間が短いこともあり、ほとんど弥生人骨は発見できない状況が続いていた。

だが、金関たちは三津永田遺跡で約三〇体、その後、土井ヶ浜遺跡では計二〇七体にのぼる、甕棺や石棺などに埋葬された大量の弥生人骨を発掘することに成功したのである。

かくして一九五五年、金関は『日本考古学講座』に、「人種の問題」と題する論考を発表する。そこで彼は、その時点で利用可能だった弥生人骨（主として三津永田遺跡から発掘したもの）の計測データにもとづき、「日本石器時代人」「弥生時代人」「日本古墳時代人」に関する「もっとも容易な憶説」として、本章冒頭に引いたような考えを述べたのだった。

金関によれば、「日本石器時代人」より高身長の「新しい種族」が、弥生文化とともに日本に渡来し、北九州から近畿地方にまで広がった。だがその後、渡来する「後続部隊」はなく、数も少なかったから、長身という形質は「在来種」のなかに拡散・吸収されて、その特徴は失われた。こうした「長身の新しい種族」の出身地候補としてまず挙げられるのは「南朝鮮」だというのが金関の推測であった。

当然、金関の日本人種論は、考古学者にとって歓迎すべきものだった。江上波夫は、先に触れた座談会の「註」で、当時発表されたばかりの金関説に注目し、これにより「西部日本における弥生式文化人が移住民で、それも最初は相当多数日本に渡来したことが、人類学的調査研究の結果推測されるにいたったこと」は「私の主張を有力に裏書きするもの」と述べている（石田ほか『日本民族の起源』）。

また、小林行雄も、『民族の起源』（一九五八）で金関説に触れ、次のようにいう。

佐賀県三津遺跡や山口県土井ヶ浜遺跡に、長身の弥生式時代人が発見された理由は、やはりかれらが渡来した新しい民族であったことを物語っているとみるべきであろう。現代にいたって、かれらの存在の痕跡を、日本人の身長平均値の上にとどめていないのは、少人数の新民族が、多人数の旧民族と混血して、かれらの持っていた体質的特徴を、弱められてしまった効果とみてよいであろう。

その後、金関の日本人起源論は、土井ヶ浜遺跡などで発掘した、より詳細な弥生人骨の計測データにもとづいて、本格的な理論へと練り上げられていく。

「弥生時代の日本人」（一九五九）や「弥生時代人」（一九六六）で金関が提示したのは、縄文時代の晩期に、北九州・山口地方に「朝鮮石器時代人」が「より高級な新しい文化」とともに渡来し、土着したところ、これが従来の「縄紋人」の体質に影響を与えて、「土井ヶ浜人」のような体質を生み出した。だが、その渡来は一時的であり、その数は在来の「縄紋人」に比べてはるかに少数であったため、彼らの特徴は土着の「縄紋人」に吸収されて、「縄紋人」に類似する古墳時代人へと移行したというものである（金関『日本民族の起源』）。学史上は、渡来説（渡来・混血説）と呼ばれる。

なお、金関は京大医学部で清野謙次の薫陶を受けたこともあり、清野説（混血説）を踏襲するという意味で混血説と呼ばれることもある。だが、ここでの説明で明らかなように、両者の理論は大きく異なるので、以下、渡来説という表記で統一する。

変形説と渡来説

しかしながら、金関の渡来説の登場によって、人類学における日本人起源論の大勢が一気に転換したわけではない。

先にみたように、長谷部言人と清野謙次は、いずれも敗戦直後の時点で、混血の果たした役割を小さく見積もるようになっていた。清野は一九五五年に亡くなり、彼の説を直接引き継ぐ者は現れなかったが、長谷部説は、東大人類学教室の後継者である鈴木尚によりさらに発展させられ、六四年に変形説と名付けられることになる（鈴木「日本人の起源」）。

ここで鈴木尚の履歴も紹介しておこう。一九一二年、埼玉県鳩ヶ谷町（現・川口市）に生まれた鈴木は、東大医学部で小金井良精（当時、名誉教授）に解剖学・人類学を学んだ。四三年、長谷部に招かれ、理学部人類学教室講師。その後、助教授、教授を歴任し、長谷部のあとを継いで教室主任を長年つとめた。東大退官後は国立科学博物館人類研究部長、成城大学教授を歴任し、二〇〇四年死去。（図8－2）

鈴木の強みは、先史（縄文・弥生）時代や古墳時代のみならず、中世・近世の人骨を大量に収集し、それらの計測データにもとづいていたことである。現在、鈴木の最大の業績として評価されるのは、頭示数（頭蓋指数、頭蓋の頭長に対する頭幅の比）が時代により変化することを実証したことだろう。これはすでにヨーロッパの人類学では指摘されていたが、それまで「人種」について論じる際に依拠してきた指標の根拠の危うさを指摘した彼の主張は、一九五三年の発表当初、衝撃と反発をもって受け取られたらしい（香原志勢「巨木・鈴木尚先生」）。だが彼は、豊富な人骨データから、日本列島の人類集団が、混血ではなく生活環境の変化によ

図8-2　鈴木尚

る小進化によって現在の日本人になったと主張し続け、やがて多くの人類学者の支持を獲得することになった。

ここで注意が必要なのは、金関も鈴木も、渡来説と変形説が決定的に対立するとは主張しなかったことである。金関の考えは、大陸から渡来した人びとの形質はやがて在来の「縄紋人」に吸収されてしまったというものであり、鈴木は持説にとって脅威となると考えていなかったのか、ほとんど金関説を無視し続けていた。一方、小林行雄のような考古学者にとっても、とりあえず大陸からの渡来者の存在を主張する金関説が登場したことで、人類学者による日本人起源論とのズレに悩む必要はなくなったといってよい。

では、この間、金関丈夫と鈴木尚において、時代区分としての縄文・弥生の使用はどうなっていたのだろうか。

金関の場合、先にみたように、一九五五年の時点では「日本石器時代人」「弥生時代人」「日本古墳時代人」という区分を用いており、まだこの段階では、「石器時代人」という戦前以来の呼称が使われている。その後の五〇年代から六〇年代にかけて書かれた日本人種論関係の論考をみると、戦前の清野説の紹介のところで「日本石器時代人」を用いているだけで（一九五九年）、それ以外では「縄文人」・「弥生人」、「縄文時代人」・「弥生時代人」、「縄文式時代人」・「弥生式時代人」といった呼称をあまり一貫せず使用している。こうした呼称の一貫性の無さは、それぞれの論考が掲載された媒体の呼称にしたがったと解釈できる（金関『日本民族の起源』）。

それに対して鈴木尚の場合、管見の限り、最初から「石器時代人」という呼称は登場せず、『骨』（一九六〇）、『日本人の骨』（一九六三）といった著作では、「縄文（時代）人」と「弥生（時代）人」という呼称が用いられている。これは、一九二〇年代に人類学研究を始めた金関丈夫と異なり、若い頃から縄文と弥生という時代区分が当たり前だったからだろう。両者の世代の違いである（金関は一八九七年、鈴木は一九一二年生まれ）。当然、これは他の研究者にも当てはまり、鈴木以降の世代の人類学者の日本人起源論は、縄文と弥生の時代区分を前提に組み立てられている。

こうして一九六〇年代以降、鈴木の変形説と金関の渡来説が共存する状態が続くが、その後、次第に渡来説にとって有利となる証拠が蓄積されていく。当初、渡来人の影響は限定的と思われていたが、金関の後継者である九大医学部の永井昌文らにより、北部九州地域で多数の高身長の人骨が発掘され、一九八〇年代に入ると鈴木尚も大陸からの渡来を認めるにいたった(池田次郎『日本人のきた道』)。頭示数の時代変化を明らかにした鈴木尚の業績はともかく、実質的には、ここに金関による渡来説の勝利が決まったといってよい。

その延長線上にあるのが、一九九一年に提唱され、現在、日本人起源論の定説とされている埴原和郎の二重構造モデルである。二重構造モデルについては終章で述べよう。

終章　縄文／弥生人モデルと縄文の時代

縄文／弥生人モデルの「勝利」

ここまで本書では、骨と土器に注目しながら、日本の人類学・考古学における日本人起源論の歴史をながめてきた。改めて前章までの議論を振り返っておこう。

外国人研究者を含めて、明治期の人類学者、考古学者は、記紀の記述にも依拠しながら、かつて日本列島に暮らしていた先住民族に後来の日本人の祖先が取って代わったと考えていた。したがって、明治期の人類学・考古学では、日本の先住民族の正体が最大の関心事となったが、本書では、このように日本列島の支配者が交替したと考える思考枠組みを人種交替モデルと呼んだ（第1章）。

本書で次に注目したのは、日本語における人種と民族の使い分けの成立である。明治期前半にはほとんど使われていなかった民族という言葉の使用が広がるにつれて、人種＝生物学的概念、民族=文化的概念という了解が広がり、それまでの日本人種に代わって日本民族という呼称も一般的になっていく。したがって、大正期以降の日本人起源論や縄文・弥生をめぐる研究は、人種と民族という用語の使い分けを前提に進められることになった。

そして、人種交替モデルにもとづく日本人起源論の完成形と考えられるのが鳥居龍蔵の固有日本人説である。鳥居は、自らの海外調査や当時最新の考古学上の知見にもとづき、日本の先住民族であるアイヌが縄文土器を残したのに対して、日本人の祖先が弥生土器を残したと主張した（第2章）。

だが、鳥居による固有日本人説提唱の直後から、記紀に大幅に依拠した明治期以来の人種交替モデルへの批判も始まることになった。濱田耕作、長谷部言人、松本彦七郎、清野謙次といった次世代の研究者は、土器や石器などの先史時代の遺物を残したのは日本人の祖先であり、現代まで日本列島の住民は連続していると主張した。

こうした枠組みを本書では人種連続モデルと呼んだが、その到達点となったのが一九二〇年代末に登場した清野謙次の混血説である。大量の古人骨の計測データにもとづく清野説は学界に大きなインパクトを与え、一九三〇年代以降、先史時代の遺物を先住民族（アイヌ）のものとみなすことは徐々に困難となり、考古学の「人種論」からの自立も進行していった（第3章）。

しかし、それにより土器の型式を集団の違いと結びつける発想が完全に無くなったわけではない。一九三〇年代には山内清男、小林行雄ら若手考古学者により縄文土器、弥生土器の編年研究が進められたが、縄文土器を残した人びとと弥生土器を残した人びとは別の集団（民族）であり、彼らが混血して日本人になったと考える考古学者も存在した。このように明治期以来の人種交替モデルの一部を引き継ぐ思考枠組みを、本書では縄文／弥生人モデルと呼んだ（第4章）。

また、一九二〇年代後半は、中国における北京原人の発見にも刺激され、日本でも旧石器時代への関心が高まった時代であった。そうしたなか、一九三一年に報告された明石人骨発見のニュースは多くの研究者の関心を集めたが、否定的な評価に終わった。結局のところ、戦前の旧石器時代研究と日本人起源論が結びつくことはなかった（第5章）。

そして、日本がアジア太平洋戦争へと向かう一九三〇年代末以降、人類学者、考古学者は再び記紀を強く意識するようになる。戦時中、長谷部、清野といった人類学者が従来の人種連続モデルにもとづいて日本人の起源を論じる一方、考古学者のあいだでは縄文／弥生人モデルの支持者が増えていく。ただし、記紀神話（皇国史観）の影響が強まったこの時期、人類学者、考古学者ともに、日本人の祖先（あるいはその構成要素としての弥生人）の海外からの渡来を語らず、また当時、喧伝された大東亜共栄圏構想との整合性から、日本人の混血性や他民族との闘争は否定されることになった（第6章）。

日本敗戦後、考古学者のあいだでは、それまでの石器時代という呼称に代わり、縄文時代・弥生時代という時代区分が広がっていき、それにともない、人類学者も縄文（時代）人、弥生（時代）人という呼称を使うようになった。

当然、従来の皇国史観は否定され、登呂遺跡の発掘、岩宿遺跡の発見といった画期的な成果も得られたが、人類学者、考古学者の日本人の起源に関する考え方は、日本人の祖先（あるいは弥生人）の海外からの渡来を認めた以外は戦時中とあまり変わらなかった。つまり、考古学者の多くが弥生文化の担い手の大陸からの渡来と縄文人との混血を想像する一方、人類学者の日本人起源論では混血を否定する戦時中以来の理論が支配的だった。

こうした長年にわたる人類学者、考古学者の認識のズレを解消したのが、一九五〇年代、西日本各地で発掘された弥生人骨にもとづく金関丈夫の渡来説である。その後、長谷部の理論を踏襲し、従来の人種連続モデルに立つ鈴木尚の変形説との共存状態が続くが、一九八〇年代までに渡来説（縄文／弥生人モデル）を支持する証拠が増え、鈴木もついに渡来を認めるにいたった（第7章・第8章）。

埴原和郎の二重構造モデル

そして、縄文／弥生人モデルの「勝利」を決定づけたのが、一九九一年、最初は英文で発表された埴原和郎（国際日本文化研究センター）の二重構造モデル（dual structure model）にほかならない（Hanihara, Dual Structure Model for the Population History of the Japanese）。その後、埴原は邦語論文や概説書などでも持説を繰り返し喧伝し、二重構造モデルは広く知られるようになった。たとえば、現在、人類学の第一人者として、日本人起源論関係の著作を数多く発表している篠田謙一（国立科学博物館）は埴原説を次のように評している。

形質人類学の研究から導かれた日本人の成立に関する定説である二重構造モデルでは、現代の日本人につながる集団は、基層集団である縄文人と弥生時代に渡来した人々の混血によって成立したと考えている。三〇年前に提唱されたこのモデルは、少なくともアイヌや沖縄の人々を除く本州、四国、九州のいわゆる「本土日本人」の成立に関しては、現在でも定説として受け入れられている。（篠田「弥生人とは誰なのか」）

第8章で述べたように、金関の渡来説はもともと大陸からの渡来集団の規模を限定的にとらえており、その限りにおいて、鈴木尚の変形説との共存も可能だった。だが、埴原は金関よりもはるかに大規模な渡来集団を想定していたため、その後、渡来系弥生人の人口規模をめぐってもさまざまな議論がおこなわれるようになった（中橋孝博『日本人の起源』など）。

また、埴原のいう二重構造の図式は必ずしも彼の独創ではなく、すでに当時、多くの人類学者が考えていたことだったことも指摘されている。たとえば篠田は、埴原の先駆者として尾本恵市や池田次郎、山口敏といった研究者の名を挙げている（篠田『新版　日本人になった祖先たち』）。また、現在、篠田と並んで日本の人類学研究をリードする斎藤成也（国立遺伝学研究所）も、埴原と山口の微妙な関係を指摘している（斎藤「埴原和郎の二重構造モデルから三〇年」）。

研究史の詳細は人類学者の議論にゆずるが、本書の立場からすれば、細部にこだわる必要はないだろう。金関丈夫の渡来説に端を発し、この間、日本人起源論における思考枠組みの転換がゆるやかに進行したこと、そして二重構造モデルが縄文／弥生人モデルの正統な後継者であることを確認しておけばよい。

だが、ここで改めて強調したいのは、縄文／弥生人モデルが前提にしている縄文人と（渡来系）弥生人の区別は、もともとは縄文と弥生という、土器の型式にもとづくものだということである。本書でみたように、戦前には石器時代という時代区分のもとに日本人起源論は組み立てられており、一九三〇年代以降、考古学者は、「人種」の問題を人類学者にゆだね、戦後の金関説登場まで人類学者との認識のズレに悩みもした。しかし、科学思想史的にみれば、埴原の二重構造モデルを含めて、縄文と弥生の区別にもとづく縄文／弥生人モデルは人類学者と考古学者の合作と評することができるわけである。

そして、埴原の二重構造モデルが、国際日本文化研究センター（日文研）の初代所長をつとめた梅原猛（哲学者）との密接な協力関係のなかで形成された理論だったことにも注意が必要である。彼らの回想によれば、一九八一年に梅原猛、江上波夫、上山春平（哲学者）、中根千枝（文化人類学者）が幹事となった研究会（IBM主催の天城シンポジウム「日本文化の明暗」）で、初めてふたりは出会い、翌年には対談集『アイヌは原日本人か』（一九八二）を刊行する（埴原「私版・日文研創世記」、梅原「刊行によせて」）。

この対談を読むと、のちの二重構造モデルの基本的着想がすでに胚胎していたことがわかる。梅原によると、それ以前から彼は「日本の基層文化を縄文文化におき、その基層文化に以後の日本文化は深い影響を受けた」という「巨大な仮説」を立てており、そうした関心から埴原を知るようになったという。また、埴原によれば、天城シンポジウムを契機に日本人研究に拍車がかかり、彼自身、文科系の研究者との交流を深めていったともいう。

こうした縁から、一九八七年、埴原は、東大理学部人類学科から新設された日文研へと異動する（一年間は併任）。さっそく彼は日文研の共同研究第一号として「日本文化の基本構造とその自然的背景」（一九八七—九三年）を主宰し、その途中で二重構造モデルを発表したのである（埴原編『日本人と日本文化の形成』）。

これ以上ふたりの関係には踏み込まないが、ここで見逃せないのが、梅原猛とその先駆者・同伴者である京大系の研究者（いわゆる新京都学派）こそが、現在巷にあふれる、縄文を日本の基層、深層、古層などととらえる発想の起源だと思われることである。そこで次に、こうした発想が広がった経緯について考えてみよう。

基層（深層）文化――われらが内なる縄文

「まえがき」でも述べたように、現在ブームになっている縄文は、しばしば日本の基層（深層）文化といった表現とともに語られてきた。その代表例として、梅原猛の『日本の深層――縄文・蝦夷文化を探る』（一九八三）や、かつて国立民族学博物館館長をつとめた佐々木高明（民族学者）の『縄文文化と日本人――日本基層文化の形成と継承』（一九八六）などを挙げることができる。

もっとも、最近では基層（深層）文化といった生硬な学術用語よりは古層などの表現で語られることも多いが、いずれにせよ、現在の日本文化と呼ばれるものの深い（古い）ところに縄文文化が隠されていると考えるわけである。

こうした語りの例には事欠かないが、たとえば「まえがき」でも触れた「北海道・北東北を中心とした縄文遺跡群」の世界遺産登録以前に関係する地方自治体がまとめた「世界遺産暫定一覧表追加資産に係る提案書」（二〇〇七）には次のようにある。

日本列島では、弥生時代以降本格的な稲作農耕が定着してもなお、縄文文化の伝統が根強く残り、現代に至るまで縄文文化に起源や系譜を求めることのできる伝統や文化的要素が数多く認められる。特に、縄文文化の自然の恵みを利用した食生活は伝統的な日本の食生活の原形である。さらに、自然と共生するという縄文文化の哲学というべき観念は、日本人の価値観や自然観の形成に大きく寄与するなど、日本の基層文化と言われ、現代社会の基礎となった。

また近年、アースダイバーと称して、縄文遺跡を中心に日本各地を訪ねるエッセイを発表している宗教学者・中沢新一は、その出発点となった音楽家・坂本龍一との対談のなかで次のように述べている。

アイヌ文化は、強い自立性をもって社会の表面に出ていますけれど、列島上に栄えたそれ以外の先住民族の文化というのは、表面的には見えなくなっている。神社神道に吸収されたものとは別の、縄文の古層から脈々と続いているものというのは、深く埋葬されているけれど、強いエネルギーを放つ磁場としてわれわれに影響を与え続けていて、日本文化を考えるにはこれを探らないといけない。

（坂本・中沢『縄文聖地巡礼』）

あるいは、縄文文化研究の第一人者として知られ、昨今の縄文ブームの立役者でもある小林達雄は次のようにいう。

縄文に根づいた自然との共感共鳴にかかわる文化的遺伝子は、加藤周一（評論家）が言うところの〝日本の原型〟、あるいは丸山真男（政治思想史学者）の〝基底すなわち古層を形成する核〟として、その後も絶ゆることなく脈々と継承存続し、現代日本文化、日本人の心に息づいているのです。

（小林『縄文文化が日本人の未来を拓く』）

個々の内容には立ち入らないが、これらの語りに登場する基層文化、古層、原型、基底（あるいは文化的遺伝子）といった縄文文化の捉え方は一体いつ頃始まったのだろうか。

このように縄文を日本文化の深い（古い）ところに隠されたものだとする発想の直接的起

源は、一九七〇年前後にまでさかのぼる。ここで注目されるのが、梅原猛も用いていた深層（文化）という表現である。歴史的に古い文化を深層文化と表現する用法は、一九六九年に刊行された『照葉樹林文化――日本文化の深層』以降、広く使われるようになった。

この著作は、当時の京都学派を代表する研究者（上山春平、岩田慶治、岡崎敬、吉良竜夫、中尾佐助）が一堂に会し、中尾佐助（植物学者）の照葉樹林文化論が広く世に出たシンポジウムの記録として知られる。そこで司会をつとめた上山春平は次のように述べている。

> 私たちの祖先が使った石器や土器などが、新しいものから古いものへと層をなして地下に埋もれている姿は、私たちの今日の文化の深層に、祖先たちの文化が層をなして潜在している姿を象徴するものと言えるのではあるまいか。深層の文化は、石器や土器のようにたんなる過去の遺物ではなく、現在のなかに生きてはたらく力をもっている。
>
> （上山　一九六九）

津城寛文（つしろひろふみ）によれば、ここでいう「深層」は、第一義的にはドイツ民俗学が二〇世紀初めに用いた基層文化（Grundschichtskultur）の言い換えであり、その後、民族学や民俗学の外で深層文化という語が基層文化とほぼ同じような意味で用いられるようになった。その中心となったのが梅原猛だが、典型的な深層文化論者である梅原には、これらの術語使用の融通無碍さが現れているという（津城『日本の深層文化序説』）。

実際、梅原の『日本の深層』では、彼が日本の「深層」だと考える縄文（人）について、「日本文化の源流を探る」「縄魂弥才」（和魂洋才のもじり）「隠された原日本人の魂」「日本の基層文化」といった具合に、「隠された縄文」のイメージが繰り返し表現されている。

第7章でも触れたとおり、一九七〇年代以降、日本文化の本質（起源）を（弥生時代に始まる）水田稲作に求める「水田中心史観」に対する批判が坪井洋文（民俗学者）や網野善彦（中世史家）らによって進められたが、縄文を基層文化、深層文化などととらえる上山、梅原らの議論もこうした潮流に棹さすものであった。ここで「水田中心史観」批判や照葉樹林文化論には深入りしないが、たとえば中尾佐助の議論を踏襲・発展させ、梅原同様に多くの後進に影響を与えたのが、先述した佐々木高明である。

もちろん、水田稲作以前の日本文化の多元性を想定した研究がそれ以前に存在しなかったわけではない。たとえば、第8章でとりあげた座談会「日本民族＝文化の源流と日本国家の形成」（『民族学研究』一九四九）のなかで、岡正雄が論じた五つの種族文化複合論は、戦後の文化人類学（民族学）や民俗学、考古学にも大きな影響を与えた（クライナー編『小シーボルトと日本の考古・民族学の黎明』）。岡の議論が、もともと彼がウィーン大学に提出した博士論文「古日本の文化層」（一九三四）をもとにしていることをふまえれば、彼の先駆性を評価することもできるだろう。

だが、こうした岡正雄の議論は縄文＝基層（深層）文化論とはとらえられない。第8章でみたように、考古学者のあいだで「弥生文化の時代」といった表現が消え、「弥生時代の文化」といった呼称へと移行していく画期となるのは一九六〇年頃と考えられる（山田康弘『つくられた縄文時代』）。したがって、この時期に縄文と弥生という時代区分が成立したとすれば、それ以前に縄文＝基層（深層）文化論が存在したという言い方は成り立たないだろう。

原理的に考えれば、縄文＝基層（深層）文化論が生まれるためには、まずは縄文と弥生の時代区分が成立することが必要となる。確かに「縄文文化の時代」と「弥生文化の時代」でも、文化の新旧は示されている。だが戦時中、多くの考古学者が語っていたように、そこでは縄文文化と弥生文化が併存する状況があらかじめ想定されており、縄文を基層（深層）に見出す発想は生まれにくい。

それに対し、縄文時代と弥生時代という時代区分が成立すれば、縄文文化と弥生文化の新旧に関する認識はより強まるだろう。そこで初めて弥生（時代の）文化に先立つ縄文（時代の）文化を「深いところに隠された」基層（深層）文化として「発見」することも可能となるのではないだろうか。

いずれにせよ、「基層文化」や「深層文化」は、ある種のマジックワードだったといわねばならない。上山や梅原に代表される縄文＝基層（深層）文化論については、その後、考古学者を含めて、さまざまな批判がおこなわれた（泉・下垣「縄文文化と日本文化」など）。それにもかかわらず、こうした表現の延長線上で、縄文（文化）を基層、深層、古層など、さまざまに表現する俗流文化論が現在まで続いていると考えられる。

そもそも日本文化（起源）論は、何を日本文化の特徴とみなすかによって議論の仕方は変わってくる。かつてのように、水田稲作ととらえれば弥生文化に起源を見出せるし、最近のように、「自然と共生する縄文文化」に日本文化の起源を見出すこともできるわけだ。縄文＝基層（深層）文化論が無意味というわけではないが、日本文化論が大衆消費財といわれる所以である（ベフ『イデオロギーとしての日本文化論』）。

そして、埴原和郎の二重構造モデルも、こうした大衆消費財としての縄文＝基層（深層）文化論の広がりとともに人口に膾炙（かいしゃ）するようになったことを見落とすべきではないだろう。

日本人起源論のこれから

「人種交替」「人種連続」「縄文／弥生人」という三つのモデルの変遷により日本人起源論の歴史を描くことで、本書で明らかになったのは、人類学者、考古学者による縄文（人）や弥生（人）をめぐる研究が同時代の社会・政治の状況や価値観に大きく左右される姿であった。では、今後、日本人起源論はどうなっていくのだろうか。本書のこれまでの議論をふまえて、最後に多少の展望を試みよう。

第一に考えてみたいのは、縄文／弥生人モデルは絶対的なものかということである。先に埴原の二重構造モデルの登場によって縄文／弥生人モデルが勝利したと述べた。だが最近の人類学では、基層としての縄文人と渡来系弥生人という二項対立図式を乗り越えようとする動きが始まっているようにみえる。

たとえば、先に挙げた斎藤成也は、現代人のゲノム解析にもとづいた「三段階渡来説」を唱えており（斎藤『最新DNA研究が解き明かす。日本人の誕生』）、篠田謙一も、古人骨から抽出したゲノムにもとづき、より多元的なモデルが必要だと指摘している（篠田『新版 日本人になった祖先たち』『人類の起源』など）。こうした主張が登場した背景には、従来の骨などの計測からゲノム解析へと人類学の研究方法の主流がシフトしたことがあるが、いずれにせよ、今後、日本人の起源における多元性の認識はさらに深まっていくだろう。

同様のことは考古学についてもいえる。大塚達朗は、縄文と一括されてきた文化の多元性を早くから指摘しており（大塚『縄紋土器研究の新展開』）、本書でも何度か言及した山田康弘は、縄文が「つくられた」ものであることを強調している（山田『つくられた縄文時代』）。さらに、藤尾慎一郎によれば、近年、複数の研究者が弥生文化をひとくくりにすることに疑問を示し始めているという（藤尾『日本の先史時代』）。ここからも、縄文と弥生という、現在のわれわれが親しんでいる考古学の構図がゆらぎつつある状況がみえる。

むろん、すぐに縄文、弥生という時代区分が破棄されることはないだろう。だが、本書の考察は、ある時代に支配的なモデルがやがて別のモデルへと移行していったことを示している。したがって、いずれわれわれは縄文と弥生とは異なる時代区分を目にすることになるかもしれない。

第二に考えたいのは、骨と土器をめぐる研究の今後についてである。本書では骨と土器に取り憑かれた人類学者、考古学者の姿を追ってきたが、この状況はこれからも続くのだろうか。

本書ではほとんど触れなかったが、過去に人類学者が収集した人骨のなかには、墓地からの盗骨など、現在の研究倫理では許されない状況で収集されたものが多く含まれている。そして、ここで注目されるのが、近年の先住民運動の高まりのなかで、アイヌ、さらに沖縄で盛んになった遺骨返還運動である（松島泰勝・木村朗編『大学による盗骨』など）。正直いえば、私自身は現在おこなわれている大学などに対する遺骨返還運動の主張に多少の違和感を抱いている。だが、こうした動きに対して人類学者は正面から向き合うことが必要なことは確かであり、これまで依拠してきた古人骨にもとづく研究が大幅に制限される将来も十分に考えられる。

また、本書でみた時期の考古学研究において、土器はいわば特権的な位置を占めていた。だが、近年の考古学研究はこうした土器偏重を脱すると同時に、年代測定法を含め新たなテクノロジーを用いる文理融合的な方向に向かっている。私は考古学者ではないので、これからの考古学の指針を語ることはできないが、考古学方法論の変容は今後も進んでいくだろう。

最後に考えたいのは、日本人起源論の前提となる「日本人」という集団についてである。日本人起源論は、自分たちの起源（ルーツ）を知りたいという欲望にもとづいているといわれるが、こうした研究は本論でもみたように、基本的に日本社会が比較的等質性が高いと考えられていたことを前提にしている。たとえば、アメリカ合衆国に「アメリカ人」の起源に関する人類学研究があるのかと問うてみればよい（もちろん、アメリカ先住民の起源については多くの研究が積み重ねられている）。

だが、すでに現実の日本社会には多様な出自をもつ人間が暮らしている。外国国籍をもつ人、アイヌや沖縄出身者、中国や朝鮮半島出身者、両親のいずれか（あるいは両方）が外国出自である人などなど。日本に暮らす人びとのエスニックな多様性は確実に増大しており、そもそも急速な人口減少で国の先行きが不安視されている日本で、多様な出自をもつ人びとがともに暮らす社会をつくらないと将来がないことも確かである。

そして、日本社会に暮らすエスニック・マイノリティにとって、起源（ルーツ）は別の意味をもつ。たとえば、両親が日本列島以外の出身であれば、彼／彼女のアイデンティティにとって縄文（人）や弥生（人）は一体どういう意味をもつのか。そうした人びとが今後、増えていくとすれば、少なくとも起源（ルーツ）探しとしての日本人起源論の意義は失われていくだろう。

むろん、研究者もどこかでそれに気づいてはいるのだろう。近年の日本人起源論では、従来の「日本人」に代わって「日本列島人」「ヤポネシア人」といった呼称を採用することも提唱されている。また、先に挙げた日本人の起源の多元性や、現生人類の拡散過程のなかに日本人起源論を位置づける必要性、さらに日本という枠にとらわれた従来の人類学・考古学研究の乗り越えが語られるのも、こうした状況と無関係ではない。

かくして、日本人起源論の歴史への問いから始まった本書は、以下のような問いで結ばれることになる。果たして日本人起源論はいつ終わるのだろうか？

あとがき

「まえがき」でも述べたとおり、二〇二二年現在、日本では空前の縄文ブームが続いている。コロナ禍が日本でも始まった当初、博物館などが閉鎖に追い込まれたこともあり、ブームはこれで終わりかと思ったりもしたが、どうやら私の予想は外れたようだ。

実のところ、私自身は、昔から「縄文」や「弥生」に大きな関心をもっていたわけではない。高校まで京都で過ごしたため、各種の遺跡が身近に感じられる環境だったはずだが、考古学関係のニュースに特に興味をもった記憶はない。歴史は好きだったものの、神社仏閣などにも関心は薄く、発掘に関していえば、考古学より古生物学＝化石採集の方が好みだった。もちろん、今は縄文・弥生関係のニュースには人並み以上の関心をもっているが、考古学ファンかといわれると否と答えるしかない。せいぜい土偶のレプリカをコレクションしている程度である。

一方、高校時代から文化／自然人類学には関心があり、それが現在の自分の研究につながっているが、発掘された骨の研究をしてみたいと思ったことはない（そもそも、そんな高校生はあまりいないだろうが）。思い起こせば、かつての私の人類学への関心は、「未開」の地や人びとに対する素朴なエキゾチシズムによるものであり、骨の計測などにもとづく人類（日本人）起源論に特別な関心があったというわけではない。

そうした私が、日本人起源論に関する研究をはじめたのは、大学院博士課程時代である。本書にも登場する清野謙次の日本人起源論に関する論文を、所属研究室の院生が発行する雑誌に書いた（「清野謙次の日本人種論」『科学史・科学哲学』一一号、一九九三）。細かい経緯は忘れたが、修士論文でドイツの優生学史を扱ったので、優生学とも関係が深い自然人類学者の活動に興味をもったのだろう。

ともあれ、この論文を書いたことをきっかけに、もともと人類学に関心があった私は、日本の人類学史研究に本格的に取り組むことになった。研究対象は自然人類学から文化人類学（民族学）、民俗学などにおける学術調査の歴史へと次第に広がっていったが、その後も日本人起源論の研究を続けたのは、二〇〇一年、京大人文科学研究所の竹沢泰子さん（文化人類学者）が組織した人種主義に関する共同研究に参加したことが大きい。結果的に竹沢さん主宰の共同研究には三期にわたってくわわることになった。

実際、本書の議論は、こうした研究過程で発表した以下の拙論と重なる部分を含んでいる。ただし、過去の論考で不十分だった部分を含め、本書におさめるにあたり大幅に加筆修正したことはいうまでもない。

- 「人種・民族・日本人――戦前日本の人類学と人種概念」竹沢泰子編『人種概念の普遍性を問う――西洋的パラダイムを超えて』（人文書院、二〇〇五）
- 『帝国日本と人類学者』（勁草書房、二〇〇五）
- 「日本人起源論と皇国史観――科学と神話のあいだ」金森修編『昭和前期の科学思想史』（勁草書房、二〇一一）
- 「「縄文人」と「弥生人」――日本考古学にとって「人種」とは何か」坂野徹・竹沢泰子編『人種神話を解体する二――科学と社会の知』（東京大学出版会、二〇一六）

＊

そして、本書の企画が始まったのは六年前のことである。二〇一六年春、新書編集部（当時）の上林達也さんからメールをもらい、研究室で上林さんとお目にかかることとなった。当時、私は勤務校のサバティカルで沖縄へ「内地留学」に出発する直前であり、しかも、前著（『〈島〉の科学者――パラオ熱帯生物研究所と帝国日本の南洋研究』勁草書房、二〇一九）の刊行に向けた準備を始めたばかりだった。

そこで、同時並行で執筆も進められるであろうという判断から、古くからの研究蓄積がある日本人起源論の歴史というテーマを提案した。幸い上林さんにも興味をもっていただき、その後、編集部会議で承認されて、正式に企画はスタートすることになった。

だが、当初の私の判断は甘かったといわざるをえない。二つの仕事を同時並行することはできず、その後、本書の企画は私のなかで棚ざらしにされることになった。関連する文献の蒐集などは再開したものの、なかなか執筆に入れなかったのは、「はじめに」でも触れた考古学者による膨大な学史研究の蓄積を前に心が萎えかけたこと、さらに正直いえば、違うテーマに興味が移っていたということもある。

その後、上林さんからときどき進捗状況うかがいの連絡をいただいていたものの、執筆作業は遅々として進まなかった。本腰を入れたのは、日本社会がコロナ禍に投げ込まれた二〇二〇年初頭になってからのことである。四月から大学での講義は完全にオンラインに切り替わり、外に出かけるのは近所への買い物やウォーキング程度という完全な「引きこもり」生活となって、ようやく本書の本格的執筆に取りかかる気になった。次第に日本人起源論への関心もよみがえり、私の弱点だった考古学関係を中心に文献を読み直しながら執筆を続けた。

こうして、明治期から一九九〇年代にいたる日本人起源論の歴史を、人類学者、考古学者の

「合作」という観点からながめつつ、同時代の政治・社会状況のなかに位置づけるという本書の最終的な構想もさだまることになった。

長年原稿を待たれていた上林さんは二〇二一年春に雑誌編集部に移り（申し訳ありません……）、みずから手を挙げ、あとを継いでくださったのが胡逸高さんである。その後、胡さんは、偶然にも私の大学院時代の指導教員である伊東俊太郎、村上陽一郎両先生の著書の編集を担当されたことも知った。今年正月明けにようやく原稿を書き上げたが、胡さんからいただいた丁寧なコメントのおかげで、だいぶ原稿はブラッシュアップされ、読みやすくなったと思う。

*

繰り返しとなるが、私自身は、人類学者、考古学者ではない。それなりに資料を読み込んだつもりだが、専門家ではないため、思わぬところで間違いを犯している可能性は残る（最初は知り合いの考古学者にコメントをお願いしようかとも思ったが、諸事情から断念した）。ただ、科学史家である私は、人類学、考古学双方に対して一定の距離をもってながめられる立場にある。当事者以外の人間だからこそ書ける人類学・考古学史というものもあるだろう。

もちろん、本書の議論がうまくいったかどうかは読者の判断に委ねるしかない。だが、本書が「縄文」や「弥生」に関心ある人にとどまらず広く読まれ、学問と政治・社会の関係について考えるきっかけとなれば嬉しく思う。

二〇二二年六月

坂野　徹

図版出典

第1章

図1-1　**坪井正五郎**　斎藤忠編『日本考古学選集2・坪井正五郎集（上）』築地書館、一九七一
図1-2　**小金井良精**　小金井良精『人類学研究　続編（アジア学叢書28）』大空社、一九九七
図1-3　**コロボックル想像図**　斎藤忠編『日本考古学選集2・坪井正五郎（上）』築地書館、一九七一

第2章

図2-1　**鳥居龍蔵**　中薗英助『鳥居龍蔵伝』岩波書店、一九九五

第3章

図3-1　**濱田耕作**　京都大学文学研究科考古学研究室・京都大学総合博物館編『埃及考古』アクティブKEI、二〇一一
図3-2　**日本発見土器手法変遷仮想表**　京都帝国大学文学部考古学教室編『河内国府遺跡石器時代遺跡発掘報告等』（復刻版）臨川書店、一九七六
図3-3　**長谷部言人**　坂野徹『〈島〉の科学者』勁草書房、二〇一九／東北大学史料館
図3-4　**松本彦七郎**　東北大学史料館
図3-5　**清野謙次**　清野謙次先生記念論文集刊行会編『随筆・遺稿』清野謙次先生記念論文集刊行会、一九五六
図3-6　**津田左右吉**　デジタル大辞泉

第4章
図4-1　考古学関係団体と機関誌　著者作成
図4-2　山内清男　山内先生没後二五年記念論集刊行会編『画龍点睛』山内先生没後二五年記念論集刊行会、一九九六
図4-3　八幡一郎　山内先生没後二五年記念論集刊行会編『画龍点睛』山内先生没後二五年記念論集刊行会、一九九六
図4-4　甲野勇　江坂輝彌編『日本考古学選集二〇・甲野勇集』築地書館、一九七一
図4-5　森本六爾　春成秀爾『考古学者はどう生きたか』学生社、二〇〇三
図4-6　小林行雄　京都大学文学部考古学研究室編『小林行雄先生追悼録』天山舎、一九九四

第5章
図5-1　直良信夫　杉山博久『直良信夫の世界』刀水書房、二〇一六
図5-2　明石人骨　高橋徹『明石原人の発見』朝日新聞社、一九七七

第6章
図6-1　後藤守一　芹沢長介・大塚初重編『日本考古学選集一七・後藤守一集（上）』築地書館、一九八六

第7章
図7-1　登呂遺跡調査会メンバー　森豊『登呂遺跡』ニューサイエンス社、一九七九より著者作成
図7-2　登呂遺跡発掘　登呂博物館サイトhttp://www.shizuoka-toromuseum.jp
図7-3　杉原荘介　大塚初重編『考古学者・杉原荘介』明治大学考古学研究室、一九八四
図7-4　ご進講時の記念写真　山内先生没後二五年記念論集刊行会編『画龍点睛』山内先生没後二五年記念論集刊行会、一九九六

第8章

図8－1　金関丈夫　春成秀爾『考古学者はどう生きたか』学生社、二〇〇三

図8－2　鈴木尚　木村賛「鈴木尚先生を偲ぶ」Anthropological Science (Japanese Series) Vol. 114, 1–3, 2006

参考文献

赤木清（江馬修）「考古学的遺物と用途の問題」『ひだびと』五年九号（一九三七）
赤木清（江馬修）「考古学の新動向」『ひだびと』五年一二号（一九三七）
赤堀英三『中国原人雑考』（六興出版、一九八一）
アクゼル、アミール・D（林大訳）『神父と頭蓋骨――北京原人を発見した「異端者」と進化論の発見』（早川書房、二〇一〇）
浅田芳朗『考古学の殉教者――森本六爾の人と学績』（柏書房、一九八二）
アバ、ラファエル「日本におけるヨーロッパ近代考古学思想の導入――「三時代法」および「先史」の観念を中心として」『北大史学』四八号（二〇〇八）
阿部猛『太平洋戦争と歴史学』（吉川弘文館、一九九九）
阿部芳郎『失われた史前学――公爵大山柏と日本考古学』（岩波書店、二〇〇四）
安藤広道「「水田中心史観批判」の功罪」『国立歴史民俗博物館研究報告』一八五集（国立歴史民俗博物館、二〇一四）
アンドリュース、R・C（小畠郁生訳）『恐竜探検記』（小学館、一九九四）
家永三郎『津田左右吉の思想史的研究』（岩波書店、一九七二）
池田次郎『日本人のきた道』（朝日選書、一九九八）
石川日出志「杉原荘介が日本考古学界に果たした役割」
https://www.meiji.ac.jp/research/promote/strategic/6t5h7p00000rtjvy-att/a1559088852799.pdf
石田英一郎・岡正雄・江上波夫・八幡一郎『日本民族の起源』（平凡社、一九五八）

泉拓良・下垣仁志「縄文文化と日本文化」小杉康ほか（編）『縄文文化の輪郭――比較文化論による相対化（縄文時代の考古学一）』（同成社、二〇一〇）
磯野直秀『モースその日その日――ある御雇教師と近代日本』（有隣堂、一九八七）
岩宿博物館（編）『岩宿遺跡はどのような遺跡だったのか』（岩宿博物館、二〇〇九）
上山春平（編）『照葉樹林文化――日本文化の深層』（中公新書、一九六九）
内田好昭「概説『弥生式土器聚成図録』」『考古学史研究』三号（一九九四）
内田好昭「用語「弥生式時代」の採用時期とその背景」『田辺昭三先生古稀記念論文集』（田辺昭三先生古稀記念の会、二〇〇二）
内田好昭「歴史過程としての先史――マルクス主義歴史学と考古学的文化史」磯前順一・ハルトゥーニアン、ハリー・D（編）『マルクス主義という経験――一九三〇―四〇年代日本の歴史学』（青木書店、二〇〇八）
内田好昭「日本考古学の時代区分」『考古学研究』五八巻三号（二〇一一）
梅原猛「刊行によせて」埴原和郎（編）『日本人と日本文化の形成』（朝倉書店、一九九三）
梅原猛・埴原和郎『アイヌは原日本人か』（小学館、一九八二）
江上波夫ほか「座談会：日本石器時代文化の源流と下限を語る」『ミネルヴァ』創刊号（一九三六）
江上波夫ほか「座談会：日本民族＝文化の源流と日本国家の形成」『民族学研究』一三巻三号（一九四九）
江上波夫ほか（編）『八幡一郎著作集（全六巻）』（雄山閣、一九七九―一九八〇）
江馬修『一作家の歩み（近代作家研究叢書六五）』（日本図書センター、一九八九）
大阪府（編）『大阪府史蹟名勝天然紀念物調査報告第十二輯――大阪府下に於ける史前遺跡の調査（其一）』（大阪府、一九四〇）
大島昭義・中谷治宇二郎「清野謙次著 日本石器時代人研究」『人類学雑誌』四三巻七号（一九二八）
大塚達朗『縄紋土器研究の新展開』（同成社、二〇〇〇）
大塚初重（編）『考古学者・杉原荘介――人と学問』（明治大学考古学研究室、一九八四）
大塚初重『土の中に日本があった――登呂遺跡から始まった発掘人生』（小学館、二〇一三）

大場磐雄『登呂遺蹟の話』（山岡書店、一九四八）
大場磐雄『楽石雑筆（下）（大場磐雄著作集第八巻）』（雄山閣、一九七七）
大村裕『日本先史考古学史の基礎研究――山内清男の学問とその周辺の人々』（六一書房、二〇〇八）
大村裕『日本先史考古学史講義――考古学者たちの人と学問』（六一書房、二〇一四）
大山柏「史前学と我神代」『史前学雑誌』三巻一号（一九三一）
大湯郷土研究会（編）『特別史跡大湯環状列石発掘史』（大湯郷土研究会、一九七三）
岡茂雄『本屋風情』（平凡社、一九七四）
岡茂雄『閑居漫筆』（論創社、一九八六）
岡正雄「『日本石器時代人研究』を読みて――人種対文化論への貢献」『民族』三巻五号（一九二八）
小熊英二『単一民族神話の起源――〈日本人〉の自画像の系譜』（新曜社、一九九五）
金関丈夫「人種の問題」『日本考古学講座四（弥生文化）』（河出書房、一九五五）
金関丈夫「弥生時代人」和島誠一（編）『日本の考古学Ⅲ（弥生時代）』（河出書房、一九六六）
金関丈夫『日本民族の起源』（法政大学出版会、一九七六）
川村伸秀『坪井正五郎――日本で最初の人類学者』（弘文堂、二〇一三）
菊地暁『柳田国男と民俗学の近代――奥能登のアエノコトの二十世紀』（吉川弘文館、二〇〇一）
菊地暁「民俗学者・水野清一――あるいは「新しい歴史学」としての民俗学と考古学」坂野徹（編）『帝国を調べる――植民地フィールドワークの科学史』（勁草書房、二〇一六）
木代修一「日本民族の構成」『日本歴史』創刊号（一九四六）
喜田貞吉「日本石器時代の終末期に就いて」『ミネルヴァ』四月号（一九三六）
京都大学文学部考古学研究室（編）『小林行雄先生追悼録』（天山舎、一九九四）
京都大学文学研究科考古学研究室・京都大学総合博物館（編）『埃及考古――ペトリーと濱田が京大エジプト資料に託した夢』（アクティブKEI、二〇一一）
京都帝国大学文科大学考古学教室（編）『京都帝国大学文科大学考古学研究報告（第二冊）』（京都帝国大学、一九一八）

京都帝国大学文学部考古学教室（編）『京都帝国大学文学部考古学研究報告（第四冊）』（京都帝国大学、一九二〇）
京都帝国大学文学部考古学教室（編）『京都帝国大学文学部考古学研究報告（第五冊）』（京都帝国大学、一九二〇）
京都帝国大学文学部考古学教室（編）『京都帝国大学文学部考古学研究報告（第六冊）』（京都帝国大学、一九二一）
清野謙次『日本原人の研究』（岡書院、一九二五）
清野謙次「日本石器時代人種に就きて」『日本学術協会報告』第二巻（一九二七）
清野謙次「日本石器時代に関する考説」『民族』二巻六号（一九二七）
清野謙次『日本石器時代人研究』（岡書院、一九二八）
清野謙次『日本石器時代人類（岩波講座生物学）』（岩波書店、一九三二）
清野謙次『日本人種論変遷史』（小山書店、一九四四）
清野謙次『日本民族生成論』（日本評論社、一九四六）
清野謙次『日本歴史のあけぼの』（潮流社、一九四七）
清野謙次『古代人骨の研究に基づく日本人種論』（岩波書店、一九四九）
清野謙次・金関丈夫『人類起源論』（岡書院、一九二八）
清野謙次・宮本博人「津雲石器時代人はアイヌ人なりや」『考古学雑誌』一六巻八号（一九二六）
清野謙次・宮本博人「再び津雲貝塚石器時代人のアイヌ人に非らざる理由を論ず」『考古学雑誌』一六巻九号（一九二六）
清野謙次先生記念論文集刊行会（編）『随筆・遺稿（故清野謙次先生記念論文集第三輯）』（清野謙次先生記念論文集刊行会、一九五六）
工藤雅樹『研究史　日本人種論』（吉川弘文館、一九七九）
クライナー、ヨーゼフ（編）『小シーボルトと日本の考古・民族学の黎明』（同成社、二〇一一）
クライナー、ヨーゼフ（編）『日本民族学の戦前と戦後――岡正雄と日本民族学の草分け』（東京堂出版、二〇一三）
黒板勝美『国史の研究（第二版）』（文会堂書店、一九一九）
桑原千代子『わがマンロー伝――ある英人医師・アイヌ研究家の生涯』（新宿書房、一九八三）

考古学会（編）『鏡剣及玉の研究』（吉川弘文館、一九四〇）
考古学研究会十周年記念論文集編集委員会（編）『日本考古学の諸問題』（考古学研究会十周年記念論文集刊行会、一九六四）
厚生省研究所人口民族部（編）『大和民族を中核とする世界政策の検討――特に民族人口政策を中心として（第三分冊）』（厚生大臣官房総務課、一九四三）
甲野勇「関東地方に於ける縄紋式石器時代文化の変遷」『史前学雑誌』七巻三号（一九三五）
甲野勇「遺物用途問題と編年」『ひだびと』五年一一号（一九三七）
甲野勇「巨大遺物」『科学朝日』六巻十二号（一九四六）
甲野勇『縄文土器のはなし』（世界社、一九五三）
甲野勇「おもいで」『武蔵野』四〇巻一・二号合併号（武蔵野会、一九六〇）
香原志勢「巨木・鈴木尚先生」『成城大学経済研究』七九号（一九八二）
小金井良精「原始人類の話」『東京人類学会雑誌』二〇巻二三二号（一九〇五）
小金井良精「日本石器時代の住民」『人類学研究』（大岡山書店、一九二六）
後藤守一「彙報　最近考古学界　日本古代文化　和辻哲郎氏著」『考古学雑誌』一一巻六号（一九二一）
後藤守一『日本考古学』（四海書房、一九二七）
後藤守一「考古学から見た建国史」『歴史公論』二巻五号（一九三三）
後藤守一『日本の文化　黎明篇』（葦牙書房、一九四一）
後藤守一『先史時代の考古学』（績文堂、一九四三）
小林達雄『縄文文化が日本人の未来を拓く』（徳間書店、二〇一八）
小林行雄「弥生式文化」『日本文化史大系第一巻（原始文化）』（誠文堂新光社、一九三八）
小林行雄『日本古代文化の諸問題――考古学者の対話』（高桐書院、一九四七）
小林行雄『日本考古学概説』（創元選書、一九五一）
小林行雄『民族の起源（日本文化研究一）』（新潮社、一九五八）

小林行雄「わが心の自叙伝」小林行雄博士古希記念論文集刊行委員会（編）『考古学一路――小林行雄博士著作目録』（平凡社、一九八三）
斎藤忠『日本考古学史』（吉川弘文館、一九七四）
斎藤忠『日本考古学史の展開（日本考古学研究三）』（学生社、一九九〇）
斎藤成也（編）『最新DNA研究が解き明かす。日本人の誕生』（秀和システム、二〇二〇）
斎藤成也「埴原和郎の二重構造モデルから三〇年」『科学』九二巻二号（二〇二二）
坂詰秀一『太平洋戦争と考古学』（吉川弘文館、一九九七）
酒詰仲男『貝塚に学ぶ』（学生社、一九六七）
坂野徹「人種・民族・日本人――戦前日本の人類学と人種概念」竹沢泰子（編）『人種概念の普遍性を問う』（人文書院、二〇〇五）
坂野徹『帝国日本と人類学者――一八八四―一九五二年』（勁草書房、二〇〇五）
坂野徹「混血と適応能力――日本における人種研究：一九三〇―一九七〇年代」竹沢泰子（編）『人種の表象と社会的リアリティ』（岩波書店、二〇〇九）
坂野徹「考古学者・甲野勇の太平洋戦争――「編年学派」と日本人種論」『国際常民文化研究叢書四――第二次大戦中および占領期の民族学・文化人類学』（神奈川大学国際常民文化研究機構、二〇一三）
坂野徹『〈島〉の科学者――パラオ熱帯生物研究所と帝国日本の南洋研究』（勁草書房、二〇一九）
坂本龍一・中沢新一『縄文聖地巡礼』（木楽舎、二〇一〇）
佐原真「山内清男論」加藤晋平・小林達雄・藤本強（編）『縄文文化の研究第一〇巻　縄文時代研究史』（雄山閣、一九八四）
里見絢子「「縄紋」から「縄文」への転換の実相」『岡山大学大学院社会文化科学研究科紀要』三九号（二〇一五）
重信幸彦「知の実践のかたちとローカリティ――「ひだびと」から」『人文学報』一一八号（二〇二一）
篠田謙一『新版　日本人になった祖先たち――DNAが解明する多元的構造』（NHK出版、二〇一九）
篠田謙一「弥生人とは誰なのか――古代ゲノム解析で判明した遺伝的な多様性」『科学』九二巻二号（岩波書店、二〇

二二）
篠田謙一『人類の起源――古代DNAが語るホモ・サピエンスの「大いなる旅」』（中公新書、二〇二二）
白井光太郎「故坪井会長を悼む」『人類学雑誌』二八巻一一号（一九一三）
将棋面貴巳『言論抑圧――矢内原事件の構図』（中公新書、二〇一四）
神保小虎「人類の始」『東京人類学会報告』一巻六号（一八八六）
末永雅雄・小林行雄・藤岡謙二郎「大和唐古弥生式遺跡の研究」『京都帝国大学文学部考古学研究報告（第十六冊）』（京都帝国大学文学部考古学教室、一九四三）
杉原荘介「縄文式文化研究上の二三の問題」『古代文化』一四巻一〇号（一九四三）
杉村勇造「駒井和愛氏の追憶」駒井和愛博士記念会（編）『琅玕――駒井和愛博士随筆集』（駒井和愛博士記念会、一九七七）
鈴木尚『骨――日本人の祖先はよみがえる』（学生社、一九六〇）
鈴木尚『日本人の骨』（岩波新書、一九六三）
鈴木尚「日本人の起源」家永三郎ほか（編）『岩波講座日本歴史二三　別巻二』（岩波書店、一九六四）
鈴木尚「山内清男先生の思い出」山内先生没後二五年記念論集刊行会（編）『画龍点睛――山内清男先生没後二五年記念論集』（山内先生没後二五年記念論集刊行会、一九九六）
大工原豊ほか（編）『縄文石器提要』（ニューサイエンス社、二〇二〇）
高木敏雄「郷土研究の本領」『郷土研究』一巻一号（一九一三）
高橋徹『明石原人の発見――聞き書き・直良信夫伝』（朝日新聞社、一九七七）
高橋龍三郎「ひだびと論争」桜井清彦・坂詰秀一（編）『論争・学説　日本の考古学三　縄文時代Ⅱ』（雄山閣、一九八七）
谷口康浩「縄文時代概念の基本的問題」小杉康ほか（編）『縄文文化の輪郭――比較文化論による相対化（縄文時代の考古学一）』（同成社、二〇一〇）
多摩考古学会（編）『甲野勇先生の歩み』（甲野勇先生の歩み刊行会、一九六八）

津城寛文『日本の深層文化序説――三つの深層と宗教』（玉川大学出版部、一九九五）
津田左右吉『古事記及び日本書紀の新研究』（洛陽堂、一九一九）
角田文衛（編）『考古学京都学派（増補）』（雄山閣、一九九七）
坪井清足（編）『岡山県笠岡市高島遺蹟調査報告』（岡山県高島遺蹟調査委員会、一九五六）
坪井清足『考古ボーイの七〇年――研究と行政のはざまにて』（プレーンセンター、一九九九）
坪井正五郎「通俗講話人類学大意」『東京人類学会雑誌』八巻八二号（一八九三）
坪井正五郎「人種」『太陽』二巻二号（一八九六）
坪井正五郎「日本人種の起源」『東亜の光』三巻六号（一九〇八）
坪井正五郎「人類学的智識の要益々深し（承前）」『東京人類学会雑誌』二〇巻二三二号（一九〇五）
坪井正五郎「石器時代総論要領」斎藤忠編『坪井正五郎集（上）（日本考古学選集二）』（築地書館、一九七一）
坪井正五郎・福家梅太郎「土器塚考」『東洋学芸雑誌』一九号（一八八三）
坪井良平『わが心の自叙伝（五）』（のじぎく文庫、一九七三）
寺田和夫『日本の人類学』（思索社、一九七五）
徳島県立鳥居龍蔵記念博物館・鳥居龍蔵を語る会（編）『鳥居龍蔵の学問と世界』（思文閣出版、二〇二〇）
礪波護・藤井譲治（編）『京大東洋学の百年』（京都大学学術出版会、二〇〇二）
鳥居龍蔵「小金井良精博士著『日本石器時代の住民』」『東京人類学会雑誌』二〇巻二二七号（一九〇五）
鳥居龍蔵『有史以前の日本』（磯部甲陽堂、一九一八）
鳥居龍蔵「歴史教科書と国津神」『人類学雑誌』三九巻三号（一九二四）
鳥居龍蔵『有史以前の日本（増補改訂版）』（磯部甲陽堂、一九二五）
鳥居龍蔵「日本人類学の発達」『鳥居龍蔵全集』一巻（朝日新聞社、一九七五）
鳥居龍蔵「人種の研究は如何なる方法によるべきや」『鳥居龍蔵全集』一巻（朝日新聞社、一九七五）
鳥居龍蔵「武蔵野の有史以前」『鳥居龍蔵全集』二巻（朝日新聞社、一九七五）
鳥居龍蔵「江戸人としての恩師坪井正五郎先生」『鳥居龍蔵全集』一二巻（朝日新聞社、一九七六）

鳥居龍蔵「学界生活五十年の回顧」『鳥居龍蔵全集』一二巻（朝日新聞社、一九七六）
トリッガー、ブルース・G（下垣仁志訳）『考古学的思考の歴史』（同成社、二〇一五）
直良信夫「日本の最新世と人類発達史」『ミネルヴァ』五月号（一九三六）
直良信夫『日本旧石器人の探求』（六興出版、一九八五）
直良信夫『学問への情熱――明石原人発見者の歩んだ道』（岩波書店、一九九五）
中薗英助『鳥居龍蔵伝――アジアを走破した人類学者』（岩波書店、一九九五）
中橋孝博『日本人の起源――古人骨からルーツを探る』（講談社選書メチエ、二〇〇五）
中山宏明「考古学者にして病理学者――中山平次郎の生き方」『ミクロスコピア』二四巻四号（二〇〇七）
中山平次郎「九州北部に於ける先史原史両時代中間期間の遺物に就て（一）―（四）」『考古学雑誌』七巻一〇・一一号、八巻一・三号（一九一七・一八）
中山平次郎「貝塚土器と弥生式土器の古さに就て」『考古学雑誌』八巻六号（一九一八）
中山平次郎「福岡地方に分布せる二系統の弥生式土器」『考古学雑誌』二二巻六号（一九三二）
西田幾多郎「哲学論文集第四補遺」（一九四四）『西田幾多郎全集』一一巻（岩波書店、二〇〇五）
日本考古学協会「日本考古学協会五〇年の歩み」『日本考古学』六号（一九九八）
日本考古学協会（編）『登呂（本編）』（東京堂出版、一九五四）
日本考古学協会（編）『日本農耕文化の生成（本文篇）』（東京堂出版、一九六一）
ねず・まさし『原始社会――考古学的研究』（学芸全書、一九四九）
ねず・まさし「書評：日本人の祖先はアイヌ人か？　――長谷部言人著「日本人の祖先」について」『歴史評論』六巻三号（一九五二）
禰津正志「原始日本の人類とその系譜」『歴史学研究』六巻一一号（一九三六）
禰津正志「日本民族と天皇国家の起源」『日本歴史』創刊号（一九四六）
長谷川亮一『「皇国史観」という問題――十五年戦争期における文部省の修史事業と思想統制政策』（白澤社、二〇〇八）

長谷部言人「石器時代住民論我観」『人類学雑誌』三二巻一一号（一九一七）
長谷部言人「石器時代住民と現代日本人」『歴史と地理』三巻二号（一九一九）
長谷部言人『自然人類学概論』（岡書院、一九二七）
長谷部言人「日本人と南洋人」東京人類学会（編）『日本民族』（岩波書店、一九三五）
長谷部言人「太古の日本人」『人類学雑誌』五五巻一号（一九四〇）
長谷部言人「大東亜建設ニ関シ人類学研究者トシテノ意見」（一九四三）土井章（監修）『昭和社会経済史料集成』一六巻（大東文化大学東洋研究所、一九九一）
長谷部言人「明石市附近西八木最新世前期堆積出土人類腰骨（石膏型）の原始性に就いて」『人類学雑誌』六〇巻一号（一九四八）
長谷部言人『日本民族の成立――新日本史講座（原始時代）』（中央公論社、一九四九）
長谷部言人「人類の進化と日本人の顕現」『民族学研究』一三巻三号（一九四九）
長谷部言人『日本人の祖先――少国民のために』（岩波書店、一九五一）
長谷部言人「日本人の生い立ち」『歴史教育』二巻三号（一九五四）
埴原和郎「私版・日文研創世記」『日本研究：国際日本文化研究センター紀要』八巻（国際日本文化研究センター、一九九三）
埴原和郎（編）『日本人と日本文化の形成』（朝倉書店、一九九三）
濱田耕作「河内国府石器時代遺跡発掘報告」『京都帝国大学文科大学考古学研究報告（第二冊）』（京都帝国大学、一九一八）
濱田耕作「弥生式土器形式分類聚成図録」『京都帝国大学文学部考古学研究報告（第三冊）』（京都帝国大学、一九一九）
濱田耕作「遺物遺跡と民族」『民族と歴史』一巻二号（一九一九）
濱田耕作・辰馬悦蔵「河内国府石器時代遺跡第二回発掘報告」『京都帝国大学文学部考古学研究報告（第四冊）』（京都帝国大学、一九二〇）
濱田耕作『通論考古学』（大鐙閣、一九二〇）

濱田耕作「薩摩国揖宿郡指宿村土器包含層調査報告」『京都帝国大学文学部考古学研究報告（第六冊）』（京都帝国大学、一九二一）
濱田耕作「日本原始文化」国史研究会（編）『岩波講座日本歴史（第一）総説・古代』（岩波書店、一九三五）
濱田耕作「日本の民族・言語・国民性及文化的生活の歴史的発展」『考古学論叢』七―九輯（一九三八）
早川二郎「日本民族の形成過程」松原宏『民族論（唯物論全書）』（三笠書房、一九三六）
林謙作「考古学と科学」桜井清彦・坂詰秀一（編）『論争・学説　日本の考古学一　総論』（雄山閣、一九八七）
春成秀爾『「明石原人」とは何であったか』（ＮＨＫブックス、一九九四）
春成秀爾『考古学者はどう生きたか』（学生社、二〇〇三）
春成秀爾「北京原人骨の行方」『Anthropological Science（Japanese Series）』一一三巻二号（二〇〇五）
平田健「日本古代文化学会とその評価をめぐって――戦時下の考古学史を理解するために」『古代文化』五七巻一二号（古代学協会、二〇〇五）
広瀬繁明「日本考古学の主導者――ペトリーから浜田耕作が受け継いだもの」『考古学史研究』三号（一九九四）
藤尾慎一郎『日本の先史時代――旧石器・縄文・弥生・古墳時代を読みなおす』（中公新書、二〇二一）
藤岡謙二郎『浜田青陵とその時代』（学生社、一九七九）
藤森栄一「日本石器時代に於ける器具の発展について」『古代文化』一四巻一〇号（一九四三）
藤森栄一『二粒の籾』（河出書房、一九六七）
藤森栄一「心の灯」『藤森栄一全集』二巻（学生社、一九八〇）
古川隆久『皇紀・万博・オリンピック』（中公新書、一九九八）
古谷嘉章『縄文ルネサンス――現代社会が発見する新しい縄文』（平凡社、二〇一九）
文化財保護委員会（編）『吉胡貝塚（埋蔵文化財発掘調査報告第一）』（文化財保護委員会、一九五二）
ベフ、ハルミ『イデオロギーとしての日本文化論』（思想の科学社、一九九七）
ベルツ、エルゥイン・v（池田次郎訳）「日本人の起源とその人種学的要素」池田次郎・大野晋（編）『論集　日本文化の起源』五巻（平凡社、一九七三）

星新一『祖父・小金井良精の記』(河出書房、一九七四)
松崎寿和『北京原人――世紀の発見と失踪の謎』(学生社、一九七三)
松島泰勝・木村朗(編)『大学による盗骨――研究利用され続ける琉球人・アイヌ遺骨』(耕文社、二〇一九)
松村瞭『化石人類(岩波講座地質学及び古生物学、礦物学及び岩石学)』(岩波書店、一九三三)
松村瞭・赤堀英三『最古の人類と文化(岩波講座生物学)』(岩波書店、一九三〇)
松本彦七郎「津雲介塚先住民の第一印象」『動物学雑誌』二八巻三三五号(一九一六)
松本彦七郎「予の新石器時代観」『動物学雑誌』二九巻三四二号(一九一七)
松本彦七郎「日本石器時代人類に就て」『人類学雑誌』三三巻九号(一九一八)
松本彦七郎「日本先史人類論」『歴史と地理』三巻二号(一九一九)
松本彦七郎「続古人類学閑話」『人類学雑誌』四六巻三号(一九三一)
松本子良『理性と狂気の狭間で――松本彦七郎東北帝国大学理学部教授退職に到る経緯について』(北目子良、一九八五)
三上徹也『人猿同祖ナリ・坪井正五郎の真実――コロボックル論とは何であったか』(六一書房、二〇一五)
ミルン、ジョン(吉岡郁夫・長谷部学訳)『ミルンの日本人種論――アイヌとコロポクグル』(雄山閣出版、一九九三)
明治大学文学部五十年史編纂準備委員会(編)『地歴科から史学地理学科へ――考古学専攻創設のころ』(明治大学文学部、一九八一)
モース、エドワード・S(近藤義郎・佐原真訳)『大森貝塚(付関連史料)』(岩波文庫、一九八三)
森豊『登呂遺跡』(ニューサイエンス社、一九七九)
森本六爾「東日本の縄文式時代に於ける弥生式並びに祝部式系文化の要素摘出の問題」『考古学』四巻一号(一九三三)
森本六爾『考古学(歴史教育研究会編『歴史教育講座』九輯)』(四海書房、一九三五)
森本六爾・小林行雄(編)『弥生式土器聚成図録(正編)(東京考古学会学報第一冊)』(一九三八)
森本和男『文化財の社会史――近現代史と伝統文化の変遷』(彩流社、二〇一〇)
文部省(編)『国体の本義』(文部省、一九三七)

文部省（編）『神武天皇聖蹟調査報告』（文部省、一九四二）
文部省（編）『国史概説』（文部省、一九四三）
安田浩「近代日本における「民族」観念の形成──国民・臣民・民族」『思想と現代』三一号（一九九二）
山崎直方「故坪井会長を悼む」『人類学雑誌』二八巻一一号（一九一三）
山田康弘『つくられた縄文時代──日本文化の原像をさぐる』（新潮選書、二〇一五）
山内清男「石器時代にも稲あり」（一九二五）同『先史考古学論文集（一）』（示人社、一九九七）
山内清男「日本遠古之文化」（一九三二─三三）同『先史考古学論文集（一）』（示人社、一九九七）
山内清男「日本考古学の秩序」（一九三六）同『先史考古学論文集（一）』（示人社、一九九七）
山内清男「縄紋土器型式の大別と細別」（一九三七）同『先史考古学論文集（一）』（示人社、一九九七）
山内清男「鳥居博士と日本石器時代研究」（一九五三）同『先史考古学論文集（一）』（示人社、一九九七）
山内清男「縄紋草創期の諸問題」（一九六九）同『先史考古学論文集（二）』（示人社、一九九七）
山内先生没後二五年記念論集刊行会（編）『画龍点睛──山内清男先生没後二五年記念論集』（山内先生没後二五年記念論集刊行会、一九九六）
山室信一『思想課題としてのアジア──基軸・連鎖・投企』（岩波書店、二〇〇一）
八幡一郎「千葉県加曽利貝塚の発掘」『人類学雑誌』一九巻四・五・六号（一九二四）
八幡一郎「先史遺物用途の問題」『ひだびと』六年一号（一九三八）
八幡一郎「日本石器時代文化」東京人類学会（編）『日本民族』（岩波書店、一九三五）
横浜市歴史博物館（編）『N・G・マンローと日本考古学──横浜を掘った英国人学者』（横浜市歴史博物館、二〇一三）
吉岡郁夫・長谷部学『ミルンの日本人種論──アイヌとコロポクグル』（雄山閣出版、一九九三）
與那覇潤「近代日本における「人種」観念の変容──坪井正五郎の「人類学」との関わりを中心に」『民族学研究』六八巻一号（二〇〇三）
米田文孝・井上主税・山口卓也「大阪毎日新聞社長　本山彦一」『なにわ大阪と本山彦一──大正期大阪への貢献と本

山考古室』（関西大学なにわ大阪研究センター、二〇二〇）
領塚正浩「ジェラード・グロート神父と日本考古学研究所――失われた考古学史を求めて」『鎌ヶ谷市史研究』九号（鎌ヶ谷市教育委員会、一九九六）
ルオフ、ケネス（木村剛久訳）『紀元二千六百年――消費と観光のナショナリズム』（朝日選書、二〇一〇）
ワイデンライヒ（赤堀英三訳編）『人の進化――北京猿人の役割』（岩波書店、一九五六）
渡瀬荘三郎「札幌近傍ピット其他古跡ノ事」『人類学会報告』一巻一号（一八八六）
和辻哲郎『日本古代文化』（岩波書店、一九二〇）
和辻哲郎『日本古代文化（改稿版）』（岩波書店、一九三九）

無署名「抜萃」『人類学会報告』二号（一八八六）
無署名「会告」『考古学』一一巻一号（東京考古学会、一九四〇）
無署名「本会第一回総会」『古代文化』一二巻三号（日本古代文化学会、一九四一）
無署名「昭和十七年を迎へて」『古代文化』一三巻一号（日本古代文化学会、一九四二）
無署名「学会消息」『あんとろぽす』九月号（山岡書店、一九四六）
無署名「清野謙次著『日本歴史のあけぼの』」『歴史評論』三巻四号（一九四八）
無署名「日本考古学協会五十年の歩み」『日本考古学』六号（一九九八）
Hanihara Kazuro, Dual Structure Model for the Population History of the Japanese. *Japan Review*, 2（1991）
Siebold, H. von, *Notes on Japanese Archaeology with Especial Reference to the Stone Age*（Yokohama, 1879）

1940	「紀元二千六百年」
	基本国策要綱（「大東亜新秩序の建設」）
1941	日本古代文化学会創設
	『日本の文化　黎明篇』（後藤）
	アジア太平洋戦争開戦
1943	『国史概説（上）』（文部省）
	「大東亜建設ニ関シ人類学研究者トシテノ意見」（長谷部）
1944	『日本人種論変遷史』（清野）
1945	日本敗戦
1946	大湯環状列石調査（甲野、後藤）
	日本考古学研究所創設（グロート神父）
	岩宿遺跡発見（相沢忠洋）
1947	登呂遺跡発掘（初年度）
	明石人骨再発見（長谷部）
	『日本歴史のあけぼの』（清野）
1948	日本考古学協会創設
	「明石西郊含化石層研究特別委員会」発掘調査（長谷部）
1949	『日本民族の成立』（長谷部）
	「日本民族＝文化の源流と日本国家の形成」座談会（岡正雄ら）
	「人類の進化と日本人の顕現」（長谷部）
1953	土井ヶ浜遺跡発掘（―57）（金関丈夫）
1955	渡来説（金関）
1964	変形説という呼称（鈴木尚）
1969	『照葉樹林文化』（上山春平ほか）
1983	『日本の深層』（梅原猛）
1991	二重構造モデル（埴原和郎）
2021	「北海道・北東北の縄文遺跡群」世界遺産登録

縄文人と弥生人　関連年表

年	出来事
1877	大森貝塚発掘（モース）
1879	*Shell Mounds of Omori*（『大森介墟古物編』）（モース）
	Notes on Japanese Archaeology with Especial Reference to the Stone Age（シーボルト）
1884	「弥生（式）土器」発見
	人類学会創設（坪井正五郎ら）
1886	『人類学会報告』創刊
	「縄文（縄紋）土器」の呼称使用
1895	考古学会創設
1904	『日本石器時代の住民』（小金井良精）
1913	坪井正五郎、死去
	「郷土研究の本領」（高木敏雄）
1916	京大考古学教室創設（濱田耕作）
	「古代の日本民族」（鳥居龍蔵）
1917	大阪国府遺跡発掘（濱田）
	「石器時代住民論我観」（長谷部言人）
1918	「日本石器時代人類に就て」（松本彦七郎）
1924	加曽利貝塚発掘（東大人類学教室）
1927	『日本考古学』（後藤守一）
	考古学研究会創設（森本六爾）
1928	『日本石器時代人研究』（清野謙次）
1929	東京考古学会創設（森本）
	北京原人（頭蓋骨）発見
1931	明石人骨（腰骨）発見（直良信夫）
1932	雑誌『ドルメン』創刊、山内清男「日本遠古之文化」（—1933）
1936	雑誌『ミネルヴァ』創刊（ミネルヴァ論争）
1937	『国体の本義』（文部省）
1938	『弥生式土器聚成図録（正編）』（森本、小林行雄）
	神武天皇聖蹟調査委員会設置
1939	東大人類学科創設（長谷部）

図3−2作成　市川真樹子

坂野 徹（さかの・とおる）

1961年東京都生まれ．九州大学理学部生物学科卒業．東京大学大学院理学系研究科（科学史・科学基礎論専攻）博士課程単位取得退学．博士（学術）．日本大学経済学部教授．専門は科学史，人類学史，生物学史．
著書『帝国日本と人類学者』（勁草書房，2005年）
『フィールドワークの戦後史』（吉川弘文館，2012年）
『〈島〉の科学者』（勁草書房，2019年）
編著『帝国の視角／死角』（共編著，青弓社，2010年）
『帝国を調べる』（勁草書房，2016年）
『人種神話を解体する 2』（共編著，東京大学出版会，2016年）
『帝国日本の科学思想史』（共編著，勁草書房，2018年）

縄文人と弥生人
中公新書 2709

2022年7月25日初版
2023年6月5日4版

著 者 坂野 徹
発行者 安部順一

本文印刷 暁印刷
カバー印刷 大熊整美堂
製 本 小泉製本

発行所 中央公論新社
〒100-8152
東京都千代田区大手町1-7-1
電話 販売 03-5299-1730
編集 03-5299-1830
URL https://www.chuko.co.jp/

Published by CHUOKORON-SHINSHA, INC.
Printed in Japan ISBN978-4-12-102709-2 C1221